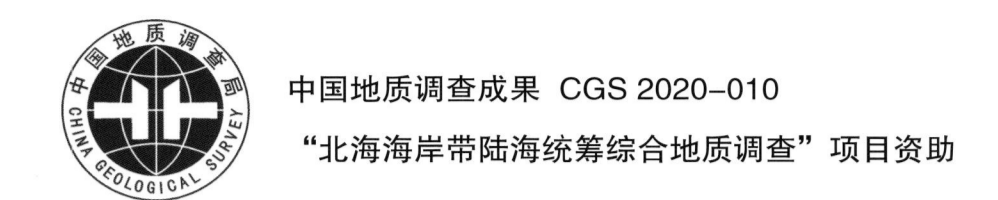

中国地质调查成果 CGS 2020–010
"北海海岸带陆海统筹综合地质调查"项目资助

# 支撑服务北海市生态文明建设自然资源图集

ZHICHENG FUWU BEIHAI SHI SHENGTAI WENMING JIANSHE ZIRAN ZIYUAN TUJI

中国地质调查局武汉地质调查中心　编著

中国地质大学出版社

# 图书在版编目（CIP）数据

支撑服务北海市生态文明建设自然资源图集/中国地质调查局武汉地质调查中心编著．
—武汉：中国地质大学出版社，2020.6

ISBN 978-7-5625-4776-1

Ⅰ.①支…
Ⅱ.①中…
Ⅲ.①自然资源-北海市-图集
Ⅳ.①P966-64

中国版本图书馆CIP数据核字(2020)第075185号
审图号：桂S（2020）05-003号

| | | |
|---|---|---|
| **支撑服务北海市生态文明建设自然资源图集** | 中国地质调查局武汉地质调查中心 | 编著 |
| 责任编辑：唐然坤 | 选题策划：唐然坤 | 责任校对：徐蕾蕾 |
| 出版发行：中国地质大学出版社（武汉市洪山区鲁磨路388号） | | 邮政编码：430074 |
| 电　　话：（027）67883511　　传　　真：（027）67883580 | | E-mail:cbb @ cug.edu.cn |
| 经　　销：全国新华书店 | | http://cugp.cug.edu.cn |
| 开本：880毫米×1230毫米 1/8 | 字数：300千字 | 印张：11.25 |
| 版次：2020年6月第1版 | | 印次：2020年6月第1次印刷 |
| 印刷：中煤地西安地图制印有限公司 | | 印数：1—500册 |
| ISBN 978-7-5625-4776-1 | | 定价：258.00元 |

如有印装质量问题请与印刷厂联系调换

# 《支撑服务北海市生态文明建设自然资源图集》

# 编委会

## 编纂指导委员会

主　　任：刘同良
委　　员：郭兴华　李　军　张起钻

## 编辑委员会

主　　编：黎清华
副 主 编：刘怀庆　齐　信　陈双喜　陈　雯　欧业成
制　　图：余绍文　张宏鑫　吴　亚　朝　鲁　花育辉　易远钦　刘楚源
　　　　　王天济　农明智　华　光　邓修佳　梁卓颖　周富标　梁海灵
　　　　　黄桂锋　朱汪林　雷建平　廖嘉琦


地图设计：植忠红　张理学
地图制版：马君睿　吕　艳　董米茹　万　波　马英平　郑欣媛　林敏敏

# 前 言

北海市是我国古代"海上丝绸之路"的重要始发港，是我国西部地区唯一的沿海开放城市，是我国西部唯一具备空港、海港、高速公路和铁路的城市，是享誉海内外的旅游休闲度假胜地。北海市作为"21世纪海上丝绸之路"的重要节点城市，以及北部湾经济区和北部湾城市群的重要支撑城市，自2005年起连续入选"中国十大宜居城市"。2017年4月19日，习近平总书记在北海市视察时指出，北海市具有古代海上丝绸之路的历史底蕴，现在要发挥好区位优势，建设好向海之路，打造好向海经济，建设好海洋湿地生态功能区，保护好生物多样性，谱写好"新世纪海上丝绸之路"的新篇章。

中国地质调查局于2009年启动了"广西北部湾经济区环境地质调查"项目，累计投入经费约1亿元，在北海地区持续开展了地质调查工作，2018年更是启动了"北海海岸带陆海统筹综合地质调查"项目。如何将资源优势转化为经济优势以及沿海重大工程建设、新型城镇化、生态环境保护等都对地质工作提出了更高要求。为了更好地服务国家重大战略，中国地质调查局组织局属相关单位和广西壮族自治区自然资源厅、地质矿产开发局等地方单位，系统梳理总结了多年环境地质调查成果，编制了《支撑服务北海市生态文明建设自然资源图集》（简称《图集》）。

《图集》以北海市所辖行政区为编图范围，以2009年以来的成果为基础，并增补了近年的最新项目成果编制而成。《图集》主要包括序图、水资源开发利用与保护图、自然资源图、基础地质支撑条件图4个部分内容，共计34幅图件。其中，序图介绍了北海市的概况，共3幅图，主要内容包括北海市遥感影像图、北海市水系流域图、北海市行政区划与人口密度分布图；水资源开发利用与保护图共16幅，主要内容包括北海市地表水资源量分布图、北海市地下水类型及资源量分布图、北海市地下水资源开发利用现状图、北海市地下水质量现状图、北海市地下水质量现状评价图、北海市应急（后备）地下水水源地分布图、北海市地下水开发利用与保护建议图、北海市浅层地下水功能区划图、北海市地下水集中式供水水源代替工程规划图等；自然资源图共10幅，主要内容包括北海市地热资源开发利用建议图、北海市优势矿产资源分布图、北海市岸线类型及开发利用现状图、北海市旅游资源分布图、北海市海洋功能区划图、北海市重大基础设施规划图、北海市海岸带围海造地变迁图、北海市海岸侵蚀淤积现状分布图、北海市海岸带工程地质适宜性分区图、北海市海岸带岸线保护与修复建议图；基础地质支撑条件图共5幅，主要内容包括北海市地貌分区图、北海市区域地质图、北海市第四纪地质图、北海市水文地质简图、北海市工程地质简图。

作为地质工作支撑服务北海市生态文明建设的阶段性成果之一，《图集》在编制过程中，本着充分体现国家地质工作的公益性、基础性先行示范作用的原则，展示了中央与地方合作开展环境地质调查工作取得的最新成果。项目实施期间，将进一步查明区内优势地质资源和环境地质条件，查明环境地质问题的成因及分布规律，服务于自然资源管理、国土空间规划、防灾减灾、海岸带地质环境保护和生态文明的建设，为北海市的经济发展和生态环境保护保驾护航。

《图集》在编制过程中，得到了有关部门领导的支持，众多相关领域专家和学者对图集编制提出过许多宝贵建议，在此一并表示感谢。由于编者水平有限，难免存在疏漏和不足，恳请各位读者不吝赐教，以便进一步修改和完善。

# 北海市自然资源禀赋与支撑生态文明建设地学建议

北海市位于广西壮族自治区南部，北部湾东海岸，处于东经108°50′45″—109°47′28″，北纬20°26′00″—21°55′34″之间。全域东邻广东，南临海南，西濒越南，南北跨度114km，东西跨度93km，总面积为3337km²。该地属亚热带海洋性季风区，气候春秋相连，长夏无冬，夏无酷暑，宜人适居。南流江、三合口江、福成江、南康江、那交河展布于区内。该市包含海城区（含涠洲岛、斜阳岛，182km²）、银海区（541km²）、铁山港区（503km²）、合浦县（2762km²），各区人口分别为：37.06万人、19.53万人、15.22万人、92.56万人，对应的人口密度分别为2 036.26人/km²、361.00人/km²、302.58人/km²、335.12人/km²。作为滨海城市，北海市含有自然生态、风景旅游、海水养殖、城镇生活、港口及临港产业5类海岸线，全长约758.17km。其中，海水养殖岸线长539.18km，占据海岸线总长度的71%。

## 一、基础地质

### 1. 地层岩性

按地质历史由老至新，区内出露第四系冲—海积砾石、砂、黏土，其中偶见上更新统玄武质凝灰岩和玄武质火山角砾岩；新近系弱固结—半固结黏土岩、砂岩、泥岩，其中多夹褐煤层、菱铁矿矿层、膨润土层；白垩系砾岩、砂岩、泥岩、凝灰岩、石英斑岩；石炭系页岩、泥灰岩、砂岩、生物屑灰岩、泥灰岩，上部夹煤层；泥盆系粉砂岩、页岩、泥灰岩、白云质灰岩、灰黑色中—厚层条带灰岩、生物屑灰岩、核型石灰岩、砾砂岩，中部夹赤铁矿矿层；志留系页岩、粉砂岩、石英砂岩、泥岩、泥页岩、泥灰岩、灰黑色条带状页岩。

### 2. 地貌

北海市地貌主要受钦防-灵山、合浦-博白北东向压扭性断裂带及伴生的次一级北西向张扭性断裂构造控制。山势多呈北东-南西走向，常与海岸斜交或平行。陆域地貌类型有丘陵、冲积平原、滨海平原台地、河成高阶地、火山锥、溶蚀洼地、三角洲平原、海积阶地和人工地貌。人工地貌类型有海水养殖区、盐田、人工填海区。海底地貌类型有潮滩和岩滩。

丘陵区分布于东北、西北部地区，呈波状排列；边坡一般呈凸形，坡肩下坡度较陡，坡肩上坡度较缓，丘顶呈浑圆状；长轴方向为北西-南东向，沿北东向较规则排列。

冲积平原主要分布于南流江、西村港、营盘港和南康江等沿河流域，其中在南流江两岸大范围分布，其余地区呈枝杈状分布。

滨海平原台地主要分布于北海市南部地区，地层主要为第四系北海组松散层，在边缘分布着较明显的斜坡或陡坎，形成台地。

火山地貌分布在涠洲岛、斜阳岛和烟墩岭地区。涠洲岛是中国地质年龄最年轻的火山岛，亦是广西最大的海岛，形近似于圆形，东西宽约6km，南北长约6.5km。岛内为玄武岩台地，地表微微起伏，上覆厚层紫红色玄武岩风化物。

三角洲平原分布于海岸、河口，地势平坦（坡度小于1‰），多形成于中—晚全新世，其中面积最大者为南流江三角洲平原。三角洲平原上多河网、沟渠密布，河床宽数十至千米，纵深可达数十千米。河床普遍发育边滩、心滩及沙岛。沙岛大者长达2～3km，宽1～2km，小者长及宽多为几十至数百米。

潮滩可分为砾石滩、泥滩、沙滩、泥沙滩、岩滩、水草潮滩及红树林潮滩7类，沿海岸呈带状分布，多为1～2km（最窄0.1～0.3km，最宽可达3～5km），比较平坦开阔，向海倾斜，坡降为0.3‰～1.0‰。沉积物粒度从低潮滩向高潮滩逐渐变细，泥质含量逐渐增多，分选性差。

3. 第四纪地质

全新统海积层主要分布在北海市市区到铁山港的海岸带区域；全新统三角洲积层主要分布在北海市市区北部到西场段海岸带区域及党江镇周边；全新统冲积层主要分布在南流江流域、长乐镇、石湾镇、合浦县西北、公馆镇和石康镇西北及西南部。上更新统（湖光岩组）主要分布在沙田镇东部区域。中更新统（北海组）主要分布在石康镇东南部、闸口镇、合浦县东南部、福成镇、南康镇、兴港镇、北海市市区、铁山港区、白沙镇南部和山口镇南部。下更新统（湛江组）主要零散分布在西场镇北部、砂岗镇北部和星岛湖乡北部。

第四系灰质岩类残坡积层主要分布在铁山港内港闸口镇至公馆镇至沙田镇沿海地带附近。硅质岩类坡积层主要分布在合浦县东部至福成镇西北部。花岗岩类坡积层主要分布在十字路乡至曲樟区域和乌家镇北部。碎屑岩类坡积层主要分布在乌家镇、石湾镇、常乐镇北部、闸口北部、公馆镇西北部、曲樟和白沙镇周边。

## 二、自然资源

1. 水资源

北海市多年平均地表水资源量为$30.85\times10^8m^3/a$，其中北海市辖区为$9.78\times10^8m^3/a$，合浦县为$21.07\times10^8m^3/a$。

北海市地下水类型主要为松散岩类孔隙水和基岩裂隙水。松散岩类孔隙水包括单层、多层结构孔隙水，基岩裂隙水包括碎屑岩构造裂隙水、裸露型碳酸盐岩类岩溶水和裂隙孔隙水。单层结构孔隙水主要分布在合浦县往十字路一带，在白沙镇南部也有分布，面积约为$360.8km^2$，水量贫乏到中等。多层结构孔隙水在整个滨海冲积平原地区大量分布，面积约为$1618.8km^2$，其中上层潜水水量贫乏到丰富，下层承压水水量中等到丰富。碎屑岩构造裂隙水广泛分布于乌家镇到石湾一带的北部，十字路到曲樟一带，沙田镇的东南侧一带，总面积约为$1313.7km^2$，水量贫乏到丰富。裸露型碳酸盐岩类岩溶水主要分布于公馆一带，面积约为$102.1km^2$，水量中等。裂隙孔隙水主要分布于白沙镇东侧一带，面积约为$148.4km^2$，水量贫乏。松散岩类孔隙水天然资源量为$235.6\times10^4m^3/d$；基岩裂隙水和碳酸盐岩类溶洞水天然资源量为$137.3\times10^4m^3/d$。

涠洲岛地表水资源量为$0.16\times10^8m^3/d$，地下水资源量为$0.02\times10^8m^3/d$。松散岩类孔隙水主要集中于北部（面积约$5.58km^2$），占全岛面积的22.32%；火山岩类孔洞裂隙水占比77.68%。

建议：为保证地下水资源的可持续利用，应合理开采地下水；松散岩类孔隙水允许开采量为$167.0\times10^4m^3/d$，基岩裂隙水和碳酸盐岩类裂隙溶洞水允许开采量为$18.7\times10^4m^3/d$，并应注意地下水水质的保护。

2. 矿产资源

北海市主要矿产资源包括高岭土、玻璃石英砂、钛铁矿砂、石膏。高岭土主要分布在合浦县星岛湖乡，合浦县石康镇红碑城村、庞屋村、十字路村，合浦县廉州镇清水江、清山村，合浦县常乐镇莲南莲北村委处及北海市铁山港区南康镇长安西。北海市现已查明11处高岭土大型矿床，保有矿石储量为$8.42\times10^8t$，居广西首位。玻璃石英砂主要分布于海岸线及合浦县沙岗镇太平岭、双文村、青丘岭、冲屋岭、文屋村、刘屋村，常乐镇天堂岭等地，现已查明玻璃石英砂矿产地11处，其中大型矿床3处，中型矿床2处，小型矿床6处，保有矿石储量为$3.18\times10^8t$，居广西首位。钛铁矿砂主要分布在合浦县西场镇官井一带，现已查明矿产地 10 处，其中大型矿床 1 处，中型 1 处，矿点 8 处，保有资源储量为 $162.03×10^4t$，其中官井钛铁矿砂矿床保有储量（矿物）为 $135×10^4t$，$FeO·TiO_2$ 平均品位为 $21.69kg/m^3$。石膏主要分布在合浦县星岛湖乡，现已查明大型矿床 1 处，保有矿石储量为 $1.25×10^8t$。

建议：充分利用优势矿场资源，进行高岭土、玻璃石英砂、石膏的改性研究；改性后的矿物可用于研发优质建材，也可用作受污染水体的防治材料（如隔水材料用于海水高位池塘的防渗）。

3. 地热资源

北海市地热资源类型主要为沉积盆地传导型。地热资源以隐伏地热田形式分布于合浦中新生代断陷盆地中，地表无地热异常显示，地热资源开发利用需要依靠人工钻井揭露。地热资源开发利用方式主要为直接抽（引）地热水进行温泉疗养、洗浴等，包括合浦石湾地热井（65.0°C）、涠洲岛石盘河地热井（45.0°C）、天隆地热井（36.0°C）、森海豪庭地热井（35.7°C）。

建议：地热利用率低，需进一步开发利用；发掘地温能，减少化石燃料的消耗，保护环境；扩大开采规模，助力旅游业发展。

4. 旅游资源

北海市旅游资源包括沙滩砾石型海岸旅游地（银滩、侨港沙滩、营盘青山头沙滩），岛区（涠洲岛、斜阳岛），水库湖区段（星岛湖旅游度假区），独树、丛树（冠头岭森林公园），红树林湿地（山口红树林、大冠沙红树林、廉州湾湿地红树林），水生动物、鸟类栖息地（合浦沙田儒艮自然保护区），主题公园（北海海洋公园、海洋之窗），城（堡）垣（白龙珍珠城遗址、永安大士阁），墓（群）（合浦汉墓），特色街区、店铺（北海老街、侨港风情街）10 个景观型（基本类）。

5. 海洋功能区

基于资源环境承载能力、现有开发强度和发展潜力，北海市海洋资源可分为农渔业区、港口航运区、工程建设用海区、矿产与能源区、旅游休闲娱乐区、海洋保护区、保留区 7 个功能区。农渔业区是为开发利用和养护渔业资源、发展渔业生产需要划定的海域，面积约为 $1827.3km^2$。港口航运区是为满足船舶安全航行、停靠、进行装卸作业或避风所划定的海域，面积约为 $360.1km^2$。工程建设用海区是为建设海岸、海洋工程需要划定的海域，面积约为 $43.9km^2$。矿产与能源区是为勘探、开采矿资源需要划定的海域，面积约为 $13.9km^2$。旅游休闲娱乐区是为开发利用滨海和海上旅游资源，发展旅游业需要划定的海域，面积约为 $183.1km^2$。海洋保护区是为保护珍稀、濒危海洋生物物种、经济生物物种及栖息地，以及有重大科学、文化和景观价位的海洋自然景观、自然生态系统和历史遗迹需要划定的海域，面积约为 $440.4km^2$。保留区是目前尚未开发利用，且在一定期限内也不能开发利用的海域，面积约为 $60.6km^2$。

### 三、生态与环境地质

1. 地下水环境

北海市地下水大部分区域为未影响区（面积约为 $3050.2km^2$）。受影响区域主要为滨海区、人口密集区和工业相对发达区。在滨海区，海水养殖引起了地下水咸化。在人口密集区，生活垃圾、养殖业导致了无机、有机污染。地下水轻度影响区面积约为 $175.4km^2$，主要分布在高德往党江方向近海、北海工业园区及合浦工业园区、十字路乡往兴港镇方向近海、兴港镇—营盘近海。地下水中度影响区面积约为 $37.0km^2$，主要分布在海城区西部、银海区东部近海及营盘镇西部近海。地下水重度影响区面积约为 $106.8km^2$，主要分布在海城区外沙岛沿海一带、侨港镇一带、西村港两侧近海及兴港镇东侧近海。

涠洲岛潜水水质较差区主要分布于西角、东岸以及北部等局部区域，面积约4.68km²，占全岛面积的18.72%；水质较好区主要分布于北部圩仔、东岸坑仔村一带，面积约0.53km²，占比2.12%；水质优良—良好区占比79.16%。

建议：滨海区需合理、有度开采地下水，避免、减少海水入侵导致的地下水咸化；海水高位养殖池塘应做好防渗处理，减少高位池塘中的咸化水入渗影响地下水；进一步发展科学海水养殖，合理用料，减少饲料的投放量；对于居民区，生活污水和养殖废水必须经过处理，水质达标后方可排放（废水可经收集后集中处理）。

2. 地下水合理利用

北海市地下水资源开发利用分为可规模开发利用区、可分散开发利用区和不宜开发利用区。其中，合浦盆地的中部，西场至沙岗一带北侧、合浦县至常乐一带及南康盆地的大部分区域，水量丰富，为可规模开发利用区。沿合浦盆地可规模开发利用区的两侧，乌家镇至石湾一带、合浦县至石康一带南侧、石湾镇至山陂水库一带，南康盆地的北部区域，公馆、白沙、沙田等区域，水量中等，为可分散开发利用区。其他区域包括海岸带、丘陵，水量贫乏，为不宜开发利用区。

建议：分区设立水源地，分别为后塘水源地（地下水资源量$2.40×10^4m^3/d$）、禾塘村水源地（$5.83×10^4m^3/d$）、海城区水源地（$0.90×10^4m^3/d$）、高阳村水源地（$7.00×10^4m^3/d$）、龙潭村水源地（$11.34×10^4m^3/d$）、三家村水源地（$14.90×10^4m^3/d$）、白龙村水源地（$28.50×10^4m^3/d$）、石头埠水源地（$10.40×10^4m^3/d$）。

3. 海岸带工程地质适宜性

区内海岸带工程地质适宜性包括适宜性差区、基本适宜区和适宜区。大部分陆地区域为工程地质适宜区，面积约为2 827.1km²。河道及周边、三角洲、海岸附近等区域为工程地质适宜性差区，面积约为156.3km²。南流江两岸、闸口至公馆一带的岩溶低洼区为工程地质基本适宜区，面积约为364.5km²。

建议：在工程地质适宜性差区和基本适宜区，由于组分来源复杂、水动力波动强、盖层的防护能力弱，地下水易被影响，且动态明显、强烈，需特别注意地下水的合理开发利用和水质保护，并加强监测。

4. 海岸带围（填）海造地

区内围（填）海建设区面积在20世纪20年代—90年代为29.20km²，20世纪90年代—21世纪00年代为18.89km²，2000—2017年为15.24km²。在围（填）海施工期，形成的悬浮物影响水质；在营运期，生活污水、工业废水、煤和矿石渗滤液、含油污水及码头面冲洗污水等影响水质。围（填）海永久性占用海域，破坏鸟类、鱼类和底栖动物的繁殖场所，导致生物种类多样性的下降，改变区域的潮流运动特性，引起泥沙冲淤和污染物迁移规律的变化，造成潮间带面积和位置的变化，影响岩岸、沙滩、盐沼泥滩和红树林的暴露程度与暴露时间，进而影响潮间带动植物群落的分布，破坏原有生物群落结构。

5. 海岸带侵蚀淤积

北海市海岸侵蚀分布范围广，规模小，侵蚀海岸类型主要为砂质海岸。侵蚀海岸线总长27.10km，其中北海市冠头岭北长0.85km，北海市白虎头南长1.03km，营盘镇杨富村南长4.17km，营盘镇石牛岭南长2.88km，营盘镇彬塘村南长2.76km，白沙镇沙尾村长1.80km，山口镇耙棚村南长2.23km，山口镇耙下肖村南长1.06km，山口镇耙石乐埠南长1.07km，山口镇耙彬雅东长2.94km。

北海市海岸淤积主要发生在港湾内湾，以及河流三角洲河口沿岸，主要包括英罗港内湾沿岸、铁山港内湾沿岸、丹兜海内湾沿岸、营盘港内湾沿岸及南流江三角洲沿岸。

# 目 录

## 1 序 图 ............ 1
- 1.1 北海市遥感影像图 ............ 2
- 1.2 北海市水系流域图 ............ 4
- 1.3 北海市行政区划与人口密度分布图 ............ 6

## 2 水资源开发利用与保护图 ............ 9
- 2.1 北海市地表水资源量分布图 ............ 10
- 2.2 北海市地下水类型及资源量分布图 ............ 12
- 2.3 北海市地下水资源开发利用现状图 ............ 14
- 2.4 北海市地下水质量现状图 ............ 16
- 2.5 北海市地下水质量现状评价图 ............ 18
- 2.6 北海市应急（后备）地下水水源地分布图 ............ 20
- 2.7 北海市地下水开发利用与保护建议图 ............ 22
- 2.8 北海市浅层地下水功能区划图 ............ 24
- 2.9 北海市地下水集中式供水水源代替工程规划图 ............ 26
- 2.10 北海市南康盆地承压水资源开发利用现状图 ............ 28
- 2.11 北海市南康盆地承压水资源潜力分区图 ............ 30
- 2.12 北海市南康盆地地下水开采现状监测网点分布图 ............ 32
- 2.13 涠洲岛水资源分布图 ............ 34
- 2.14 涠洲岛地下水资源开发利用潜力图 ............ 36
- 2.15 涠洲岛浅层地下水质量评价图 ............ 38
- 2.16 涠洲岛深层地下水质量评价图 ............ 40

## 3 自然资源图 ............ 43
- 3.1 北海市地热资源开发利用建议图 ............ 44
- 3.2 北海市优势矿产资源分布图 ............ 46
- 3.3 北海市岸线类型及开发利用现状图 ............ 48
- 3.4 北海市旅游资源分布图 ............ 50
- 3.5 北海市海洋功能区划图 ............ 52
- 3.6 北海市重大基础设施规划图 ............ 54
- 3.7 北海市海岸带围海造地变迁图 ............ 56
- 3.8 北海市海岸侵蚀淤积现状分布图 ............ 58
- 3.9 北海市海岸带工程地质适宜性分区图 ............ 60
- 3.10 北海市海岸带岸线保护与修复建议图 ............ 62

## 4 基础地质支撑条件图 ····································································· 65
### 4.1 北海市地貌分区图 ··················································································· 66
### 4.2 北海市区域地质图 ··················································································· 68
### 4.3 北海市第四纪地质图 ················································································ 70
### 4.4 北海市水文地质简图 ················································································ 72
### 4.5 北海市工程地质简图 ················································································ 74

# 地理底图图例

- ⊙ 地级行政中心
- ◎ 县(市、区)级行政中心
- ⊙ 乡镇（街道）级行政中心
- ○ 村级行政中心

—··—··— 省界
———·——— 地级界
·················· 县界
〰️ 常年河、水库及湖泊
╫╫╫╫╫╫ 运河

# 1 序 图

## 1.1 北海市遥感影像图

编制单位：中国地质调查局武汉地质调查中心

# 1 序 图

### 1.1.1 资料来源

遥感影像图资料来源于自然资源部高分一号（GF1）、高分二号（GF2）数据。

### 1.1.2 图件说明

应用先进的数字图像处理系统（包括ENVI4.5、MapGIS、PS-CC、ArcGIS等）进行专题卫星（GF1）数字处理和卫星数据纠正、配准、镶嵌、融合等预处理，纠正精度误差控制在2个像元以内，编制了工作区真彩色影像图。卫星影像色彩真实，对比度合理，影像整体色调柔和。

北海市位于广西南部，北部湾东海岸，位于东经108°50′45″—109°47′28″，北纬20°26′00″—21°55′34″之间。全市南北跨度为114km，东西跨度为93km，东邻广东省，南与海南省隔海相望，西濒越南，总面积为3337km²。

北海市的气候属海洋性季风气候，具有典型的亚热带特色，春秋相连，长夏无冬，夏无酷暑，气候宜人。

**涠洲岛、斜阳岛位置示意图**

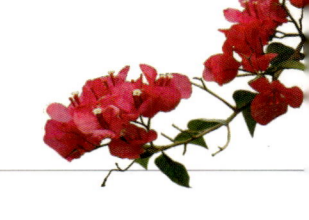

1 : 300 000

## 1.2 北海市水系流域图

编制单位：中国地质调查局武汉地质调查中心、广西壮族自治区海洋地质调查院

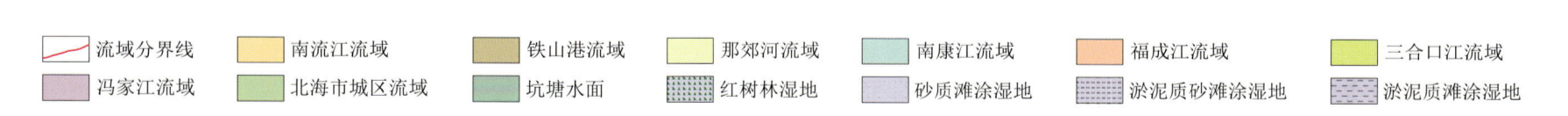

图例：流域分界线 | 南流江流域 | 铁山港流域 | 那郊河流域 | 南康江流域 | 福成江流域 | 三合口江流域 | 冯家江流域 | 北海市城区流域 | 坑塘水面 | 红树林湿地 | 砂质滩涂湿地 | 淤泥质砂滩涂湿地 | 淤泥质滩涂湿地

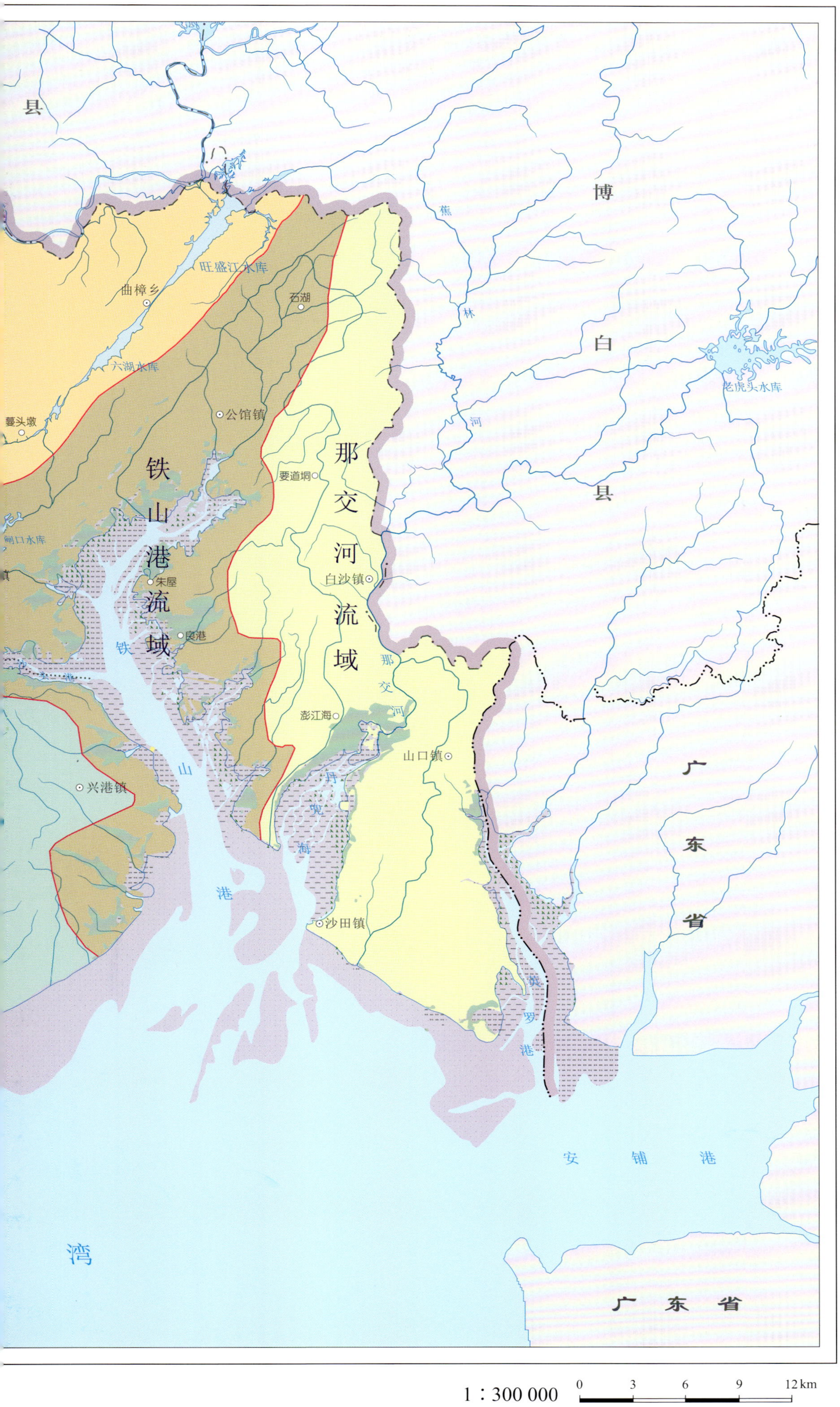

# 1 序 图

### 1.2.1 资料来源

资料来源于《北海市区域水文地质图》《北海市水系图》《北海市三维地势图》。

### 1.2.2 图件说明

北海市水系流域属桂东南沿海诸河流域，较大的河流从西到东分别有南流江、那交河，均发源于北海市境外，其中北海市境内南流江流域面积为 2 022.38km² (含其他支流)。其余为发源于北海市境内，分布于北海滨海平原、流域面积较小且自流入海的河流。北海市境内自流入海的河流众多，从东向西主要有南康江、福成江、三合口江、冯家江，此外还有铁山港流域的小河流。

# 1.3 北海市行政区划与人口密度分布图

编制单位：中国地质调查局武汉地质调查中心、广西壮族自治区海洋地质调查院

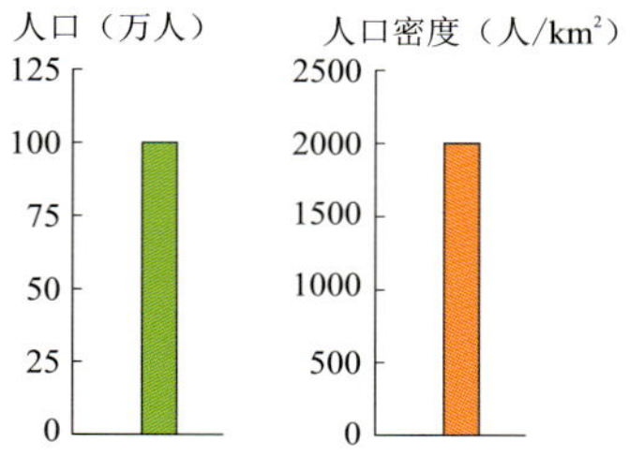

人口（万人）　人口密度（人/km²）

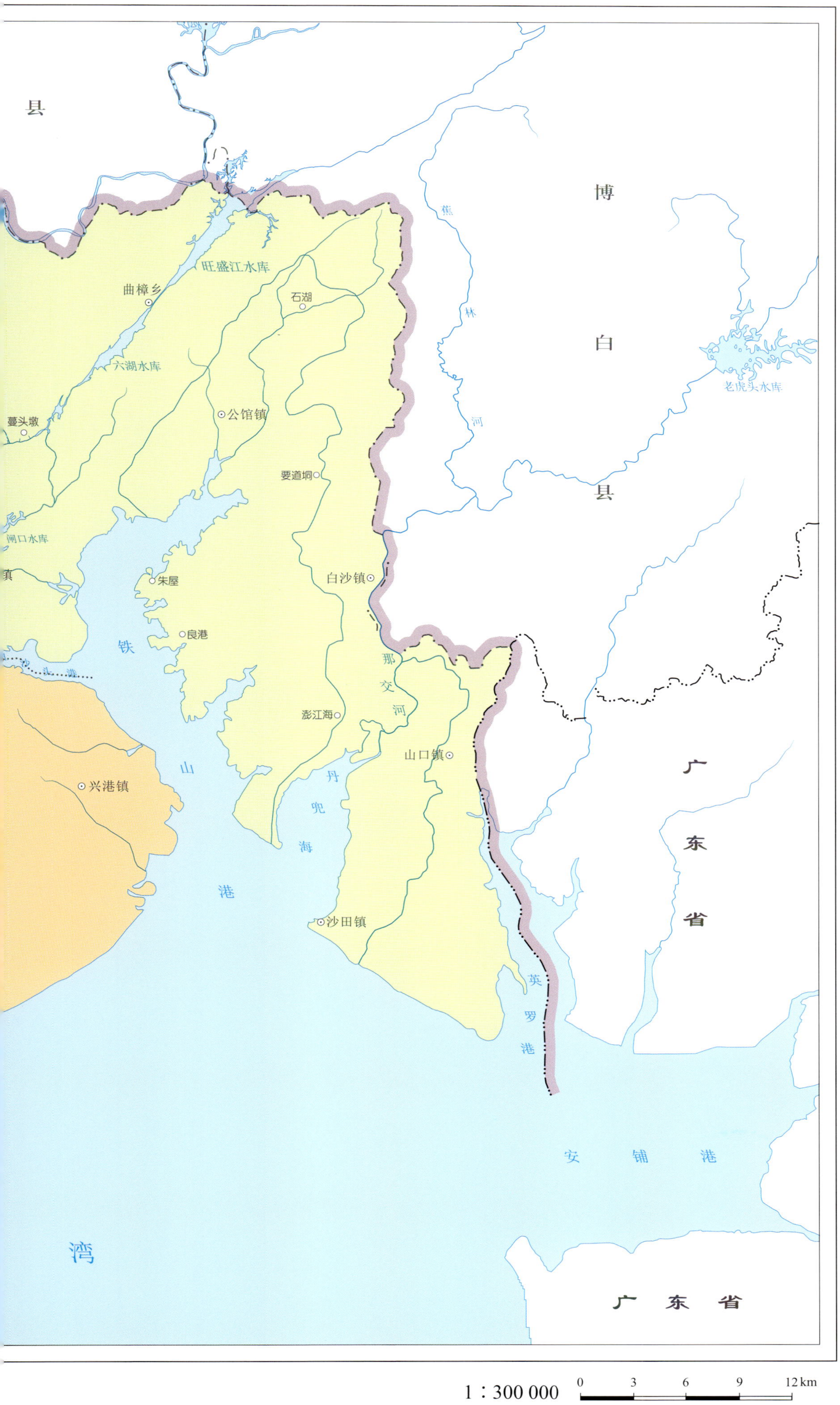

## 1 序 图

### 1.3.1 资料来源

图件来源于中国地质调查局。

资料来源于《广西统计年鉴—2016》，统计数据截至2015年12月31日，统计至县（区）级。由于涠洲岛和斜阳岛已归属北海市海城区统计范围内，故不再单独列出。

### 1.3.2 图件说明

北海市各行政区面积与人口密度详情见表1。

表1 北海市行政区划与人口密度分布一览表

| 地区 | 人口（万人） | 人口密度（人/km²） | 行政区域面积（km²） |
|---|---|---|---|
| 北海市海城区 | 37.06 | 2 036.26 | 182 |
| 北海市银海区 | 19.53 | 361.00 | 541 |
| 北海市铁山港区 | 15.22 | 302.58 | 503 |
| 北海市合浦县 | 92.56 | 335.12 | 2762 |

注：表中行政面积中计入滩涂面积，因此总面积为3988km²。

# 2 水资源开发利用与保护图

## 2.1 北海市地表水资源量分布图

编制单位：中国地质调查局武汉地质调查中心、广西壮族自治区海洋地质调查院

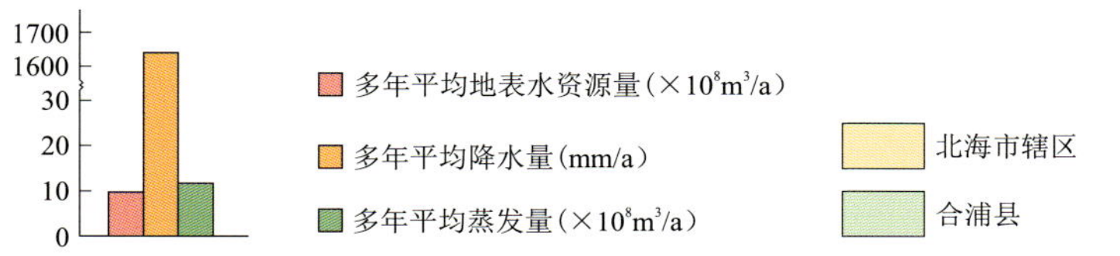

图例：
- 多年平均地表水资源量（×10⁸m³/a）
- 多年平均降水量（mm/a）
- 多年平均蒸发量（×10⁸m³/a）
- 北海市辖区
- 合浦县

合浦县：21.07 / 1727 / 27.06
北海市辖区：9.78 / 1640.3 / 11.75

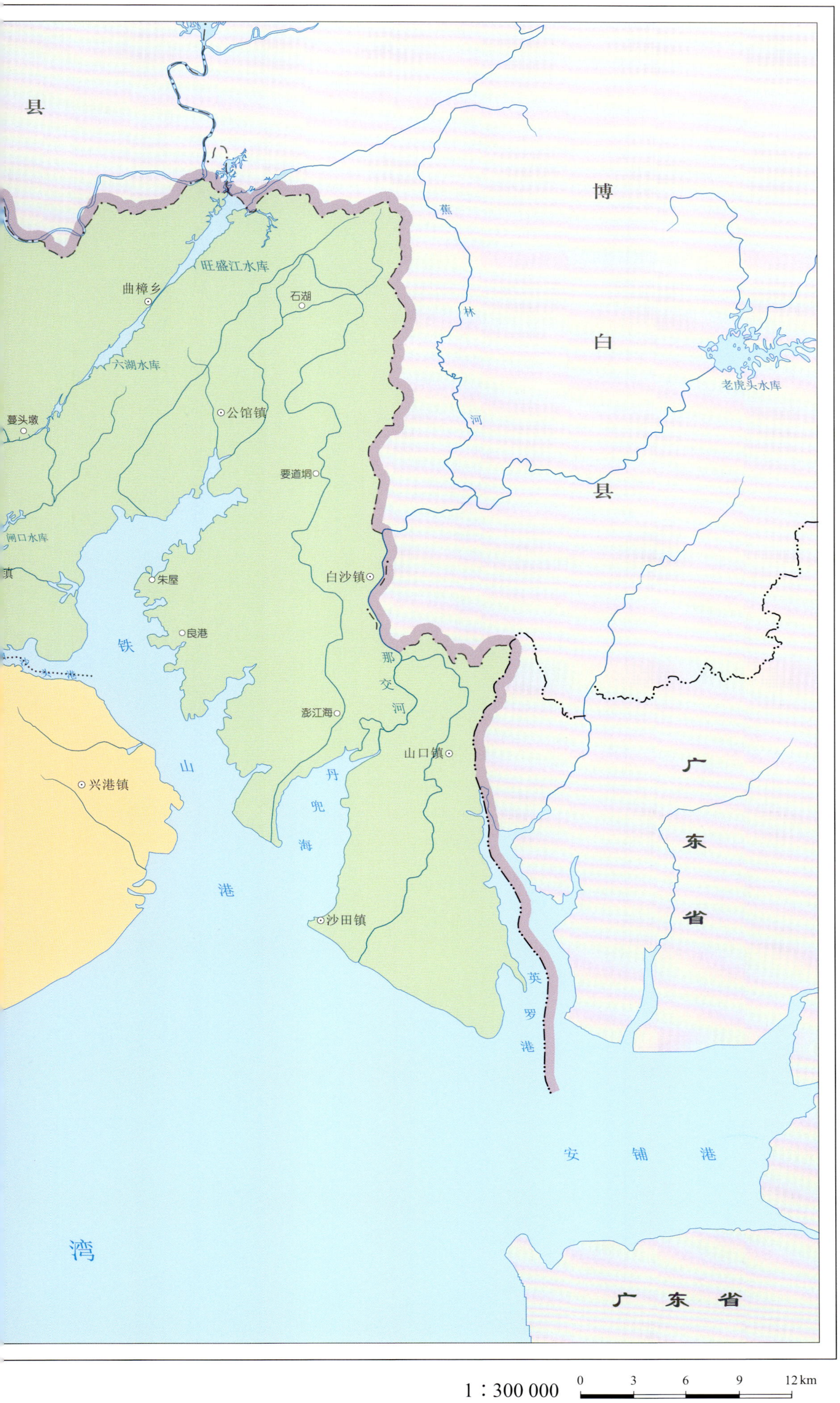

## 2 水资源开发利用与保护图

### 2.1.1 资料来源

资料来源于《广西北海市水资源综合规划报告》等相关资料。

### 2.1.2 图件说明

北海市地表水资源量分布主要要素为多年平均降水量、多年平均地表水资源量和多年平均蒸发量。根据收集的资料，北海市水资源县级行政分区多年平均降水量为：北海市辖区为1 640.3mm/a，合浦县为1727mm/a，合计3 367.3mm/a。

北海市多年平均地表水资源量为30.85×$10^8$m³/a，其中北海市辖区地表水资源量为9.78×$10^8$m³/a，合浦县地表水资源量为21.07×$10^8$m³/a。

北海市多年平均蒸发量为：北海市辖区为11.75×$10^8$m³/a，合浦县为27.06×$10^8$m³/a，合计38.81×$10^8$m³/a。

## 2.2 北海市地下水类型及资源量分布图

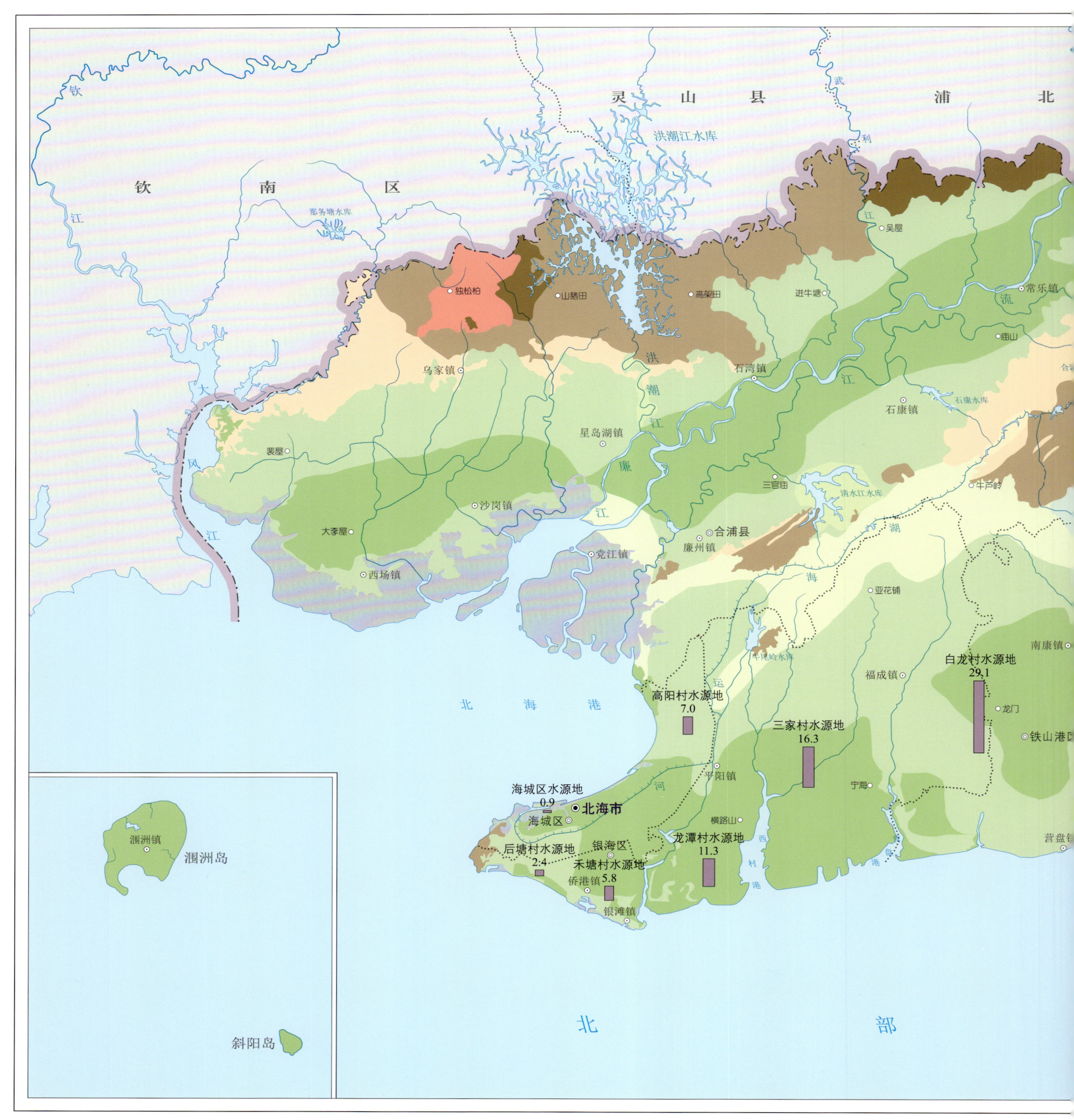

编制单位：中国地质调查局武汉地质调查中心、广西壮族自治区海洋地质调查院

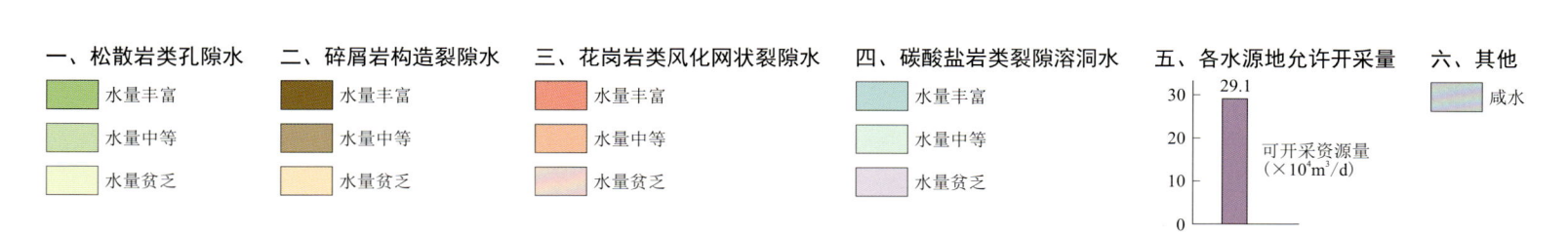

一、松散岩类孔隙水
- 水量丰富
- 水量中等
- 水量贫乏

二、碎屑岩构造裂隙水
- 水量丰富
- 水量中等
- 水量贫乏

三、花岗岩类风化网状裂隙水
- 水量丰富
- 水量中等
- 水量贫乏

四、碳酸盐岩类裂隙溶洞水
- 水量丰富
- 水量中等
- 水量贫乏

五、各水源地允许开采量 可开采资源量（×10$^4$m$^3$/d）

六、其他
- 咸水

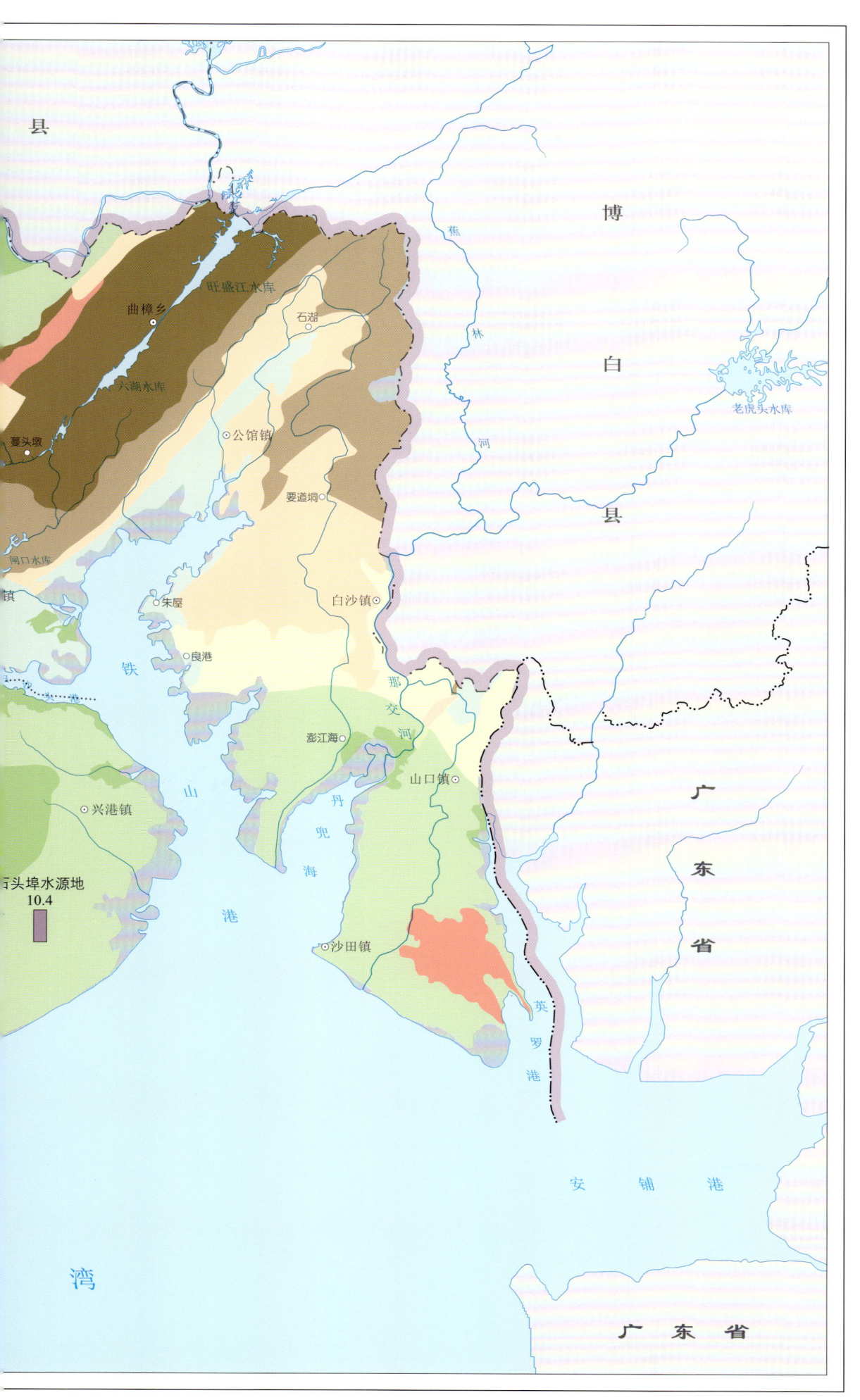

## 2 水资源开发利用与保护图

### 2.2.1 资料来源

资料来源于"广西北部湾生态环境地质调查（1：25万）"项目调查资料，以及《广西壮族自治区北部湾经济区环境地质调查报告》调查资料和《北部湾经济区区域水文地质图（1：25万）》。

### 2.2.2 图件说明

北海市大部分地区地下水类型为松散岩类孔隙水，其天然资源量为 $235.6×10^4 m^3/d$，允许开采量为 $167.0×10^4 m^3/d$；其次在合浦县北部乌家镇附近及合浦县东北部曲樟、公馆镇、白沙镇一带分布有基岩裂隙水，在闸口沿海一带分布有碳酸盐岩类裂隙溶洞水。基岩裂隙水和碳酸盐岩类裂隙溶洞水天然资源量为 $137.3×10^4 m^3/d$，允许开采量为 $18.7×10^4 m^3/d$。松散岩类孔隙水在北海市辖区、南康镇附近、沙岗镇和常乐镇等地，水量丰富，其他大部分地区水量中等，在十字路乡沿西走向一带，水量贫乏。基岩裂隙水在合浦县北部边缘局部地方及合浦县东北部曲樟一带水量丰富，其余地方水量中等至贫乏。闸口一带的碳酸盐岩类溶洞水水量中等（表1）。

**表1 北海市地下水类型及资源量一览表**

| 地下水类型 | | 天然资源量（$×10^4 m^3/d$） | 允许开采量（$×10^4 m^3/d$） | 单井涌水量（$m^3/d$）/径流模数［$m^3/(s·km^2)$］ | 富水程度 |
|---|---|---|---|---|---|
| 松散岩类孔隙水 | | 235.6 | 167.0 | >1000 | 水量丰富 |
| | | | | 100~1000 | 水量中等 |
| | | | | <100 | 水量贫乏 |
| 基岩裂隙水 | 碎屑岩构造裂隙水 | 137.3 | 18.7 | >6 | 水量丰富 |
| | 花岗岩类风化网状裂隙水 | | | 3~6 | 水量中等 |
| 碳酸盐岩类裂隙溶洞水 | | | | 3~6 | 水量中等 |

注：松散岩类孔隙水富水程度以单井涌水量划分，基岩裂隙水和碳酸盐岩类裂隙溶洞水富水程度以径流模数划分。

北海市各水源地的允许开采量分别为：后塘村水源地为 $2.4×10^4 m^3/d$；禾塘村水源地为 $5.8×10^4 m^3/d$；海城区水源地为 $0.9×10^4 m^3/d$；高阳村水源地为 $7.0×10^4 m^3/d$；龙潭村水源地为 $11.3×10^4 m^3/d$；三家村水源地为 $16.3×10^4 m^3/d$；白龙村水源地为 $29.1×10^4 m^3/d$；石头埠水源地为 $10.4×10^4 m^3/d$。

## 2.3 北海市地下水资源开发利用现状图

编制单位：中国地质调查局武汉地质调查中心、广西壮族自治区海洋地质调查院

图例：有潜力区 | 采补平衡区 | 一般超采区 | 水量贫乏区 | 咸水分布区 | 10.4 各水源地可采资源量（×10⁴m³/d）/ 3.6 现状（2017年）已开采量（×10⁴m³/d）

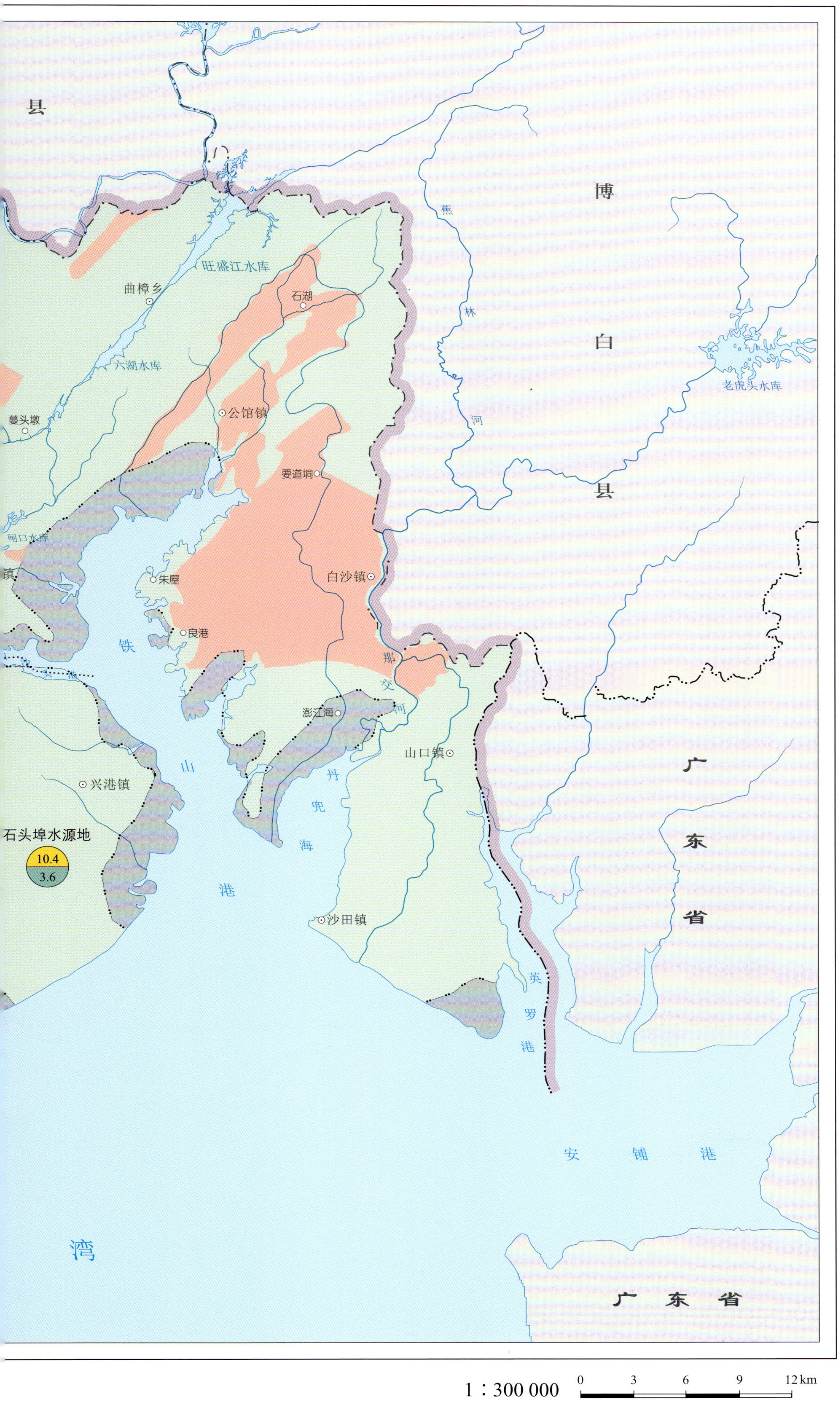

## 2 水资源开发利用与保护图

### 2.3.1 资料来源

资料来源于《北海市地下水超采区水源地替代示范工程综合研究报告》《北海市禾塘水厂供水井异地迁移方案论证报告》，以及"北海市市区地下水资源开发利用与保护规划"项目调查资料。

### 2.3.2 图件说明

北海市地下水资源开采现状主要包括一般超采区、采补平衡区和有潜力区。其中，一般超采区主要是依据《北海市禾塘水厂供水井异地迁移方案论证报告》进行划分，主要分布在北海市银海区和合浦县；采补平衡区主要分布在北海市的龙潭村水源地和后塘村水源地；其他地区中除水量贫乏区和咸水分布区外，均划分为有潜力区。

北海市各水源地的可采资源量与现状开采量详见表1。

表1 北海市各水源地可采资源量与现状（2017年）已开采量

| 水源地 | 可采资源量（×10$^4$m$^3$/d） | 现状（2017年）已开采量（×10$^4$m$^3$/d） |
|---|---|---|
| 后塘村水源地 | 2.4 | 0.3 |
| 禾塘村水源地 | 5.8 | 5.0 |
| 海城区水源地 | 0.9 | 0.2 |
| 高阳村水源地 | 7.0 | 0.7 |
| 龙潭村水源地 | 11.3 | 8.9 |
| 三家村水源地 | 16.3 | 3.1 |
| 白龙村水源地 | 29.1 | 3.5 |
| 石头埠水源地 | 10.4 | 3.6 |

1:300 000

## 2.4 北海市地下水质量现状图

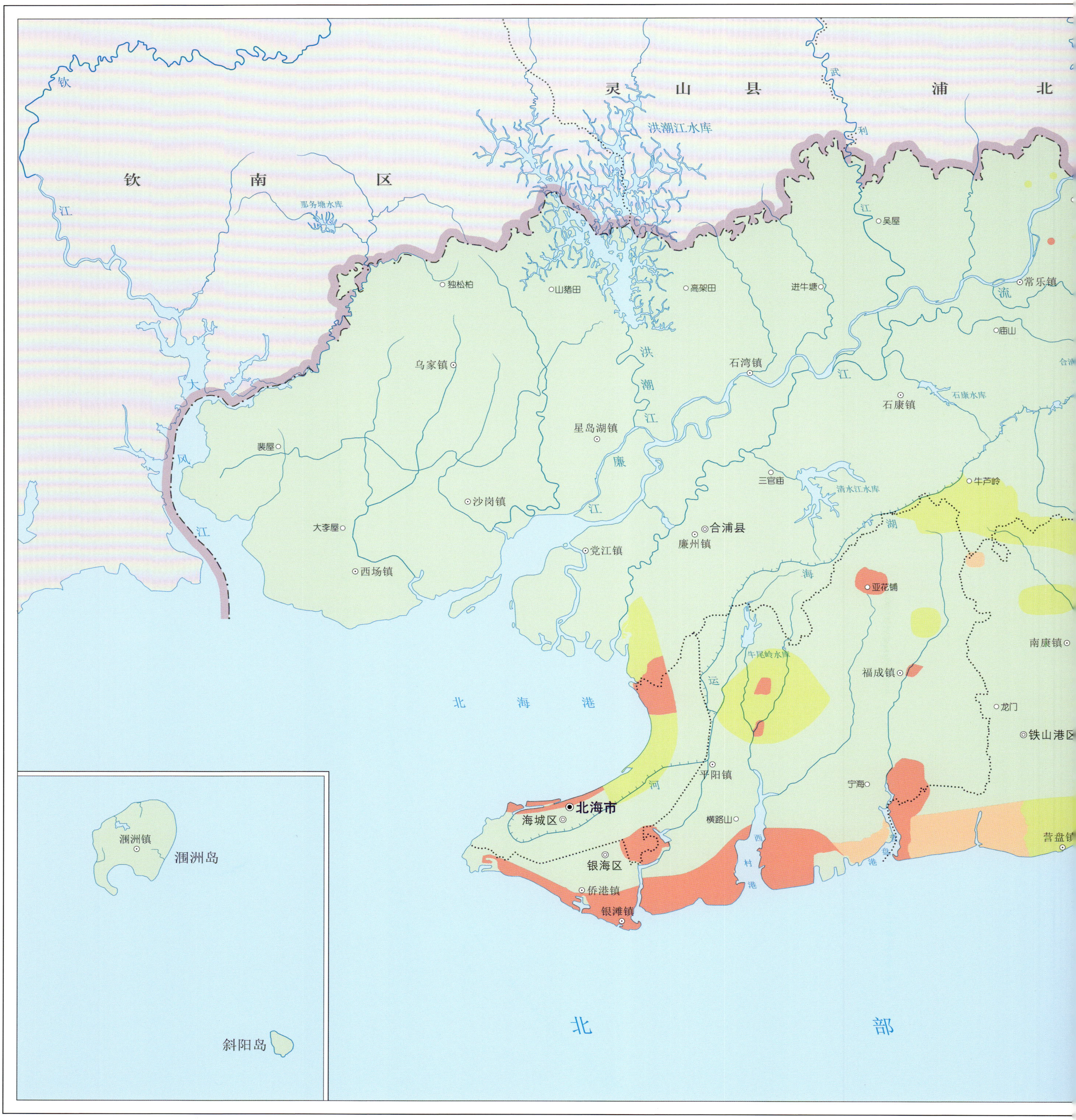

编制单位：中国地质调查局武汉地质调查中心、广西壮族自治区海洋地质调查院

未影响区　轻度影响区　中度影响区　重度影响区

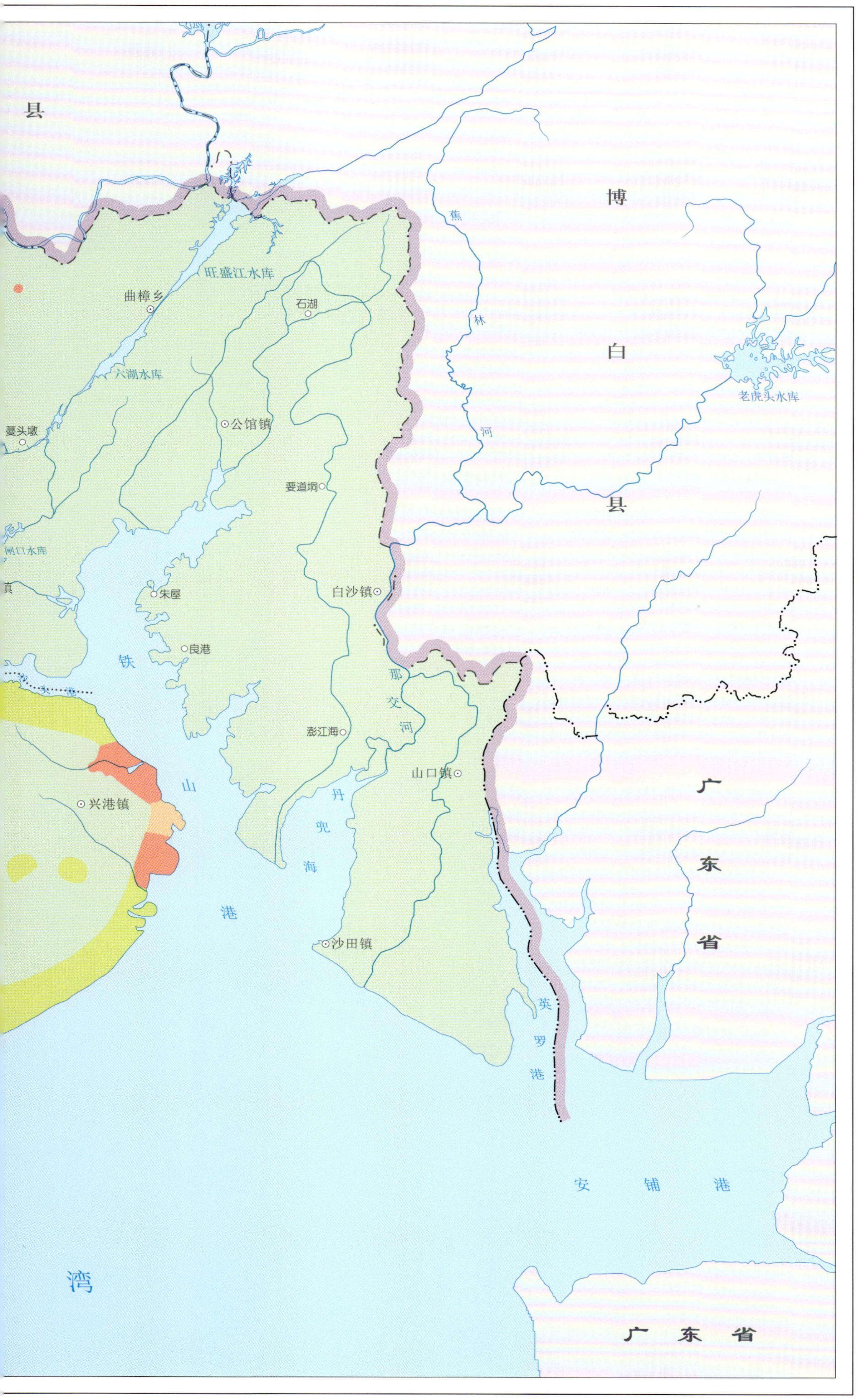

## 2 水资源开发利用与保护图

### 2.4.1 资料来源

资料来源于"广西北部湾生态环境地质调查"项目调查资料、《广西壮族自治区北部湾经济区环境地质调查报告》及《北部湾经济区南康盆地地下水污染现状图（1∶5万）》。

### 2.4.2 图件说明

北海市地下水质量现状为大部分区域为未影响区，面积约为3 050.2km²。地下水质量受影响区域主要为海边、海边附近区域，人口生活密集区域和工业相对发达区域。海边、海边附近区域主要是海水养殖引起的地下水咸化，即海水影响地下淡水，以及局部地下水超采导致海水入侵，影响地下淡水；人口生活密集区域和工业相对发达区域主要是生活垃圾及养殖业产生的有机物影响地下淡水。

轻度影响区面积约为175.4km²，主要分布在高德往党江镇方向的沿海一带、北海工业园区及合浦工业园区、十字路乡往兴港镇方向沿海及附近一带、兴港镇往营盘镇方向沿海一带。

中度影响区面积约为37.0km²，主要分布在驿马镇附近、银海区东侧一带及营盘镇西侧靠海一带，另外在局部地区也有零星分布。

重度影响区面积约为106.8km²，主要分布在海城区外沙岛沿海一带、侨港镇一带、西村港两侧靠海附近一带及兴港镇东侧沿海一带，另外在局部地区也有零星分布。

1∶300 000

## 2.5 北海市地下水质量现状评价图

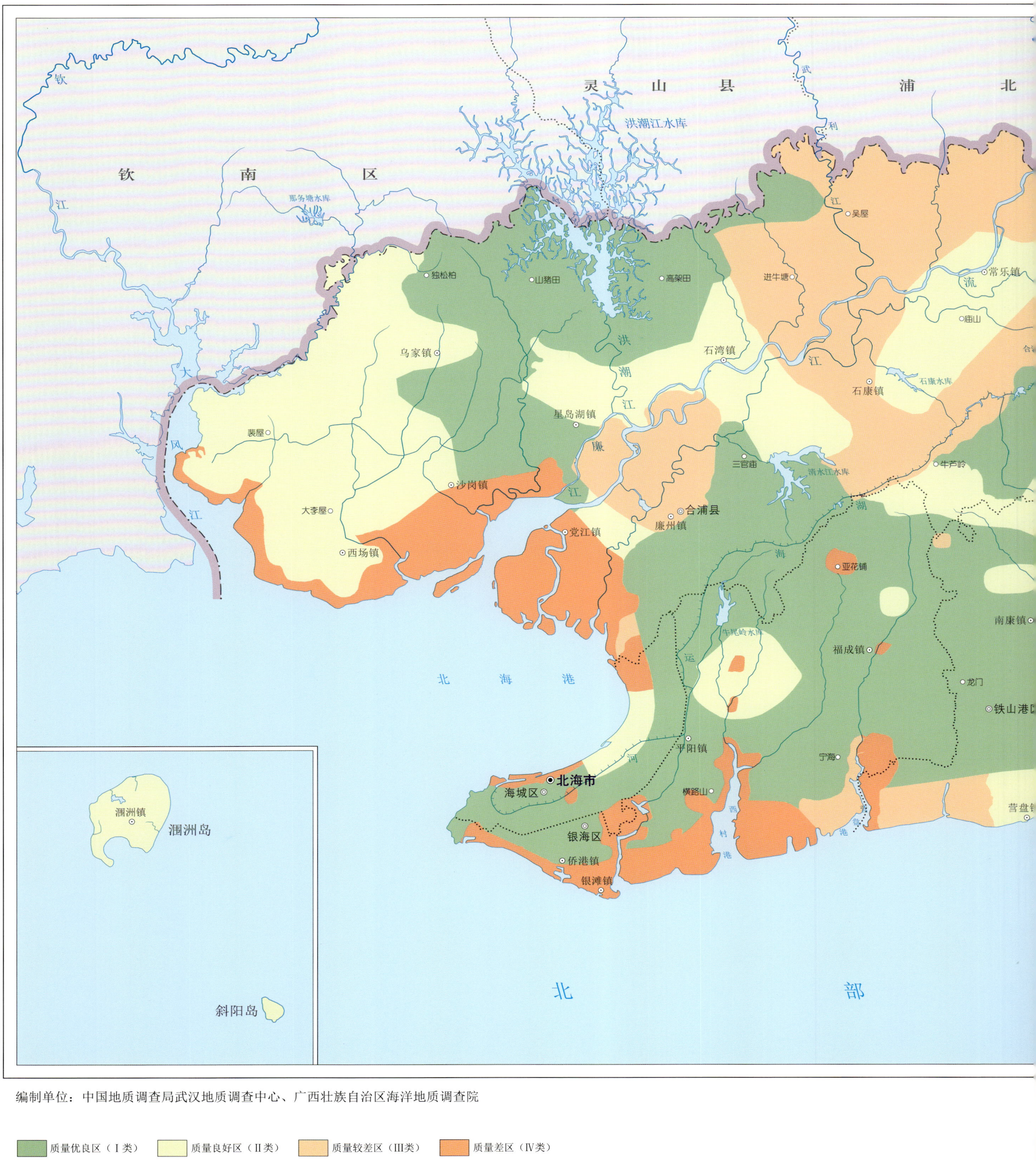

编制单位：中国地质调查局武汉地质调查中心、广西壮族自治区海洋地质调查院

质量优良区（Ⅰ类）　　质量良好区（Ⅱ类）　　质量较差区（Ⅲ类）　　质量差区（Ⅳ类）

## 2 水资源开发利用与保护图

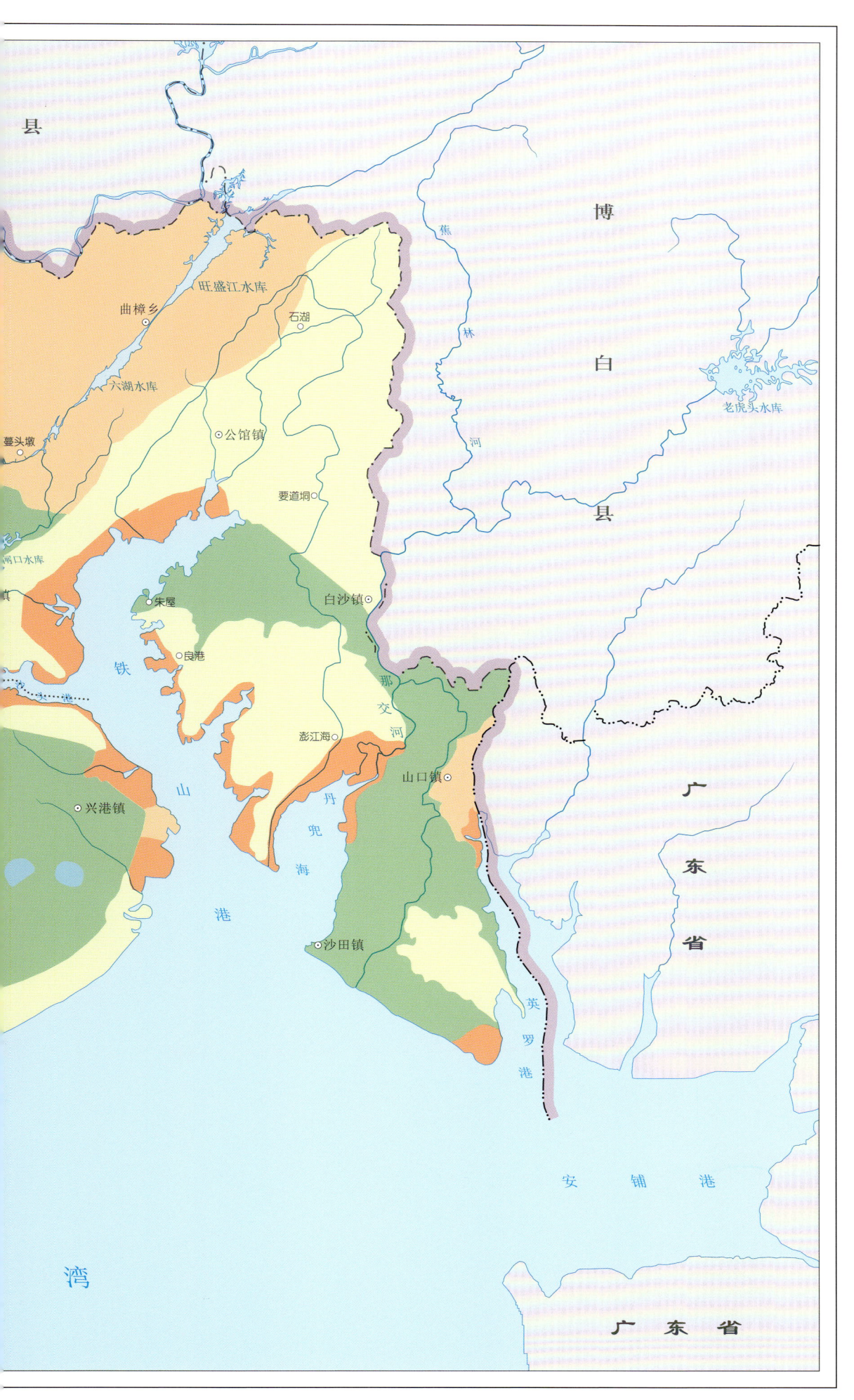

### 2.5.1 资料来源

资料来源于"广西北部湾生态环境地质调查"项目调查资料，以及《广西壮族自治区北部湾经济区环境地质调查报告》和《广西北部湾地区环境水质量现状图》。

### 2.5.2 图件说明

北海市地下水质量分区结果显示：地下水水质总体较好，大部分地区地下水质量均为质量优良区（Ⅰ类）、质量良好区（Ⅱ类），质量较差区（Ⅲ类）、质量差区（Ⅳ类）主要分布在沿海海岸带、城镇中心区以及受工业污染的地区（表1）。

表1 北海市地下水质量分区面积表

| 水质类别区 | 质量优良区 | 质量良好区 | 质量较差区 | 质量差区 |
|---|---|---|---|---|
| 面积（km²） | 1277 | 1036 | 669 | 355 |

超标组分主要为硝酸盐、亚硝酸盐、氨氮、化学需氧量（COD）、氯离子、铁离子等。

超标原因：①多数系人类生活、农业生产污染导致氨氮超标；②沿海地区海水养殖、海水入侵导致地下水咸化；③地区背景值导致铁离子偏高、pH偏低等。

Ⅰ~Ⅲ类地下水均满足饮水水源及工农业用水要求，Ⅳ类（质量差区）地下水适用于农业和部分工业用水，适当处理后可作生活饮用水。

### 2.5.3 建议

（1）节约用水，尤其是滨海地区淡水资源珍贵。
（2）工农业及生活废水不能随意排放，工业废水应按照要求做相应处理。

1:300 000

## 2.6 北海市应急（后备）地下水水源地分布图

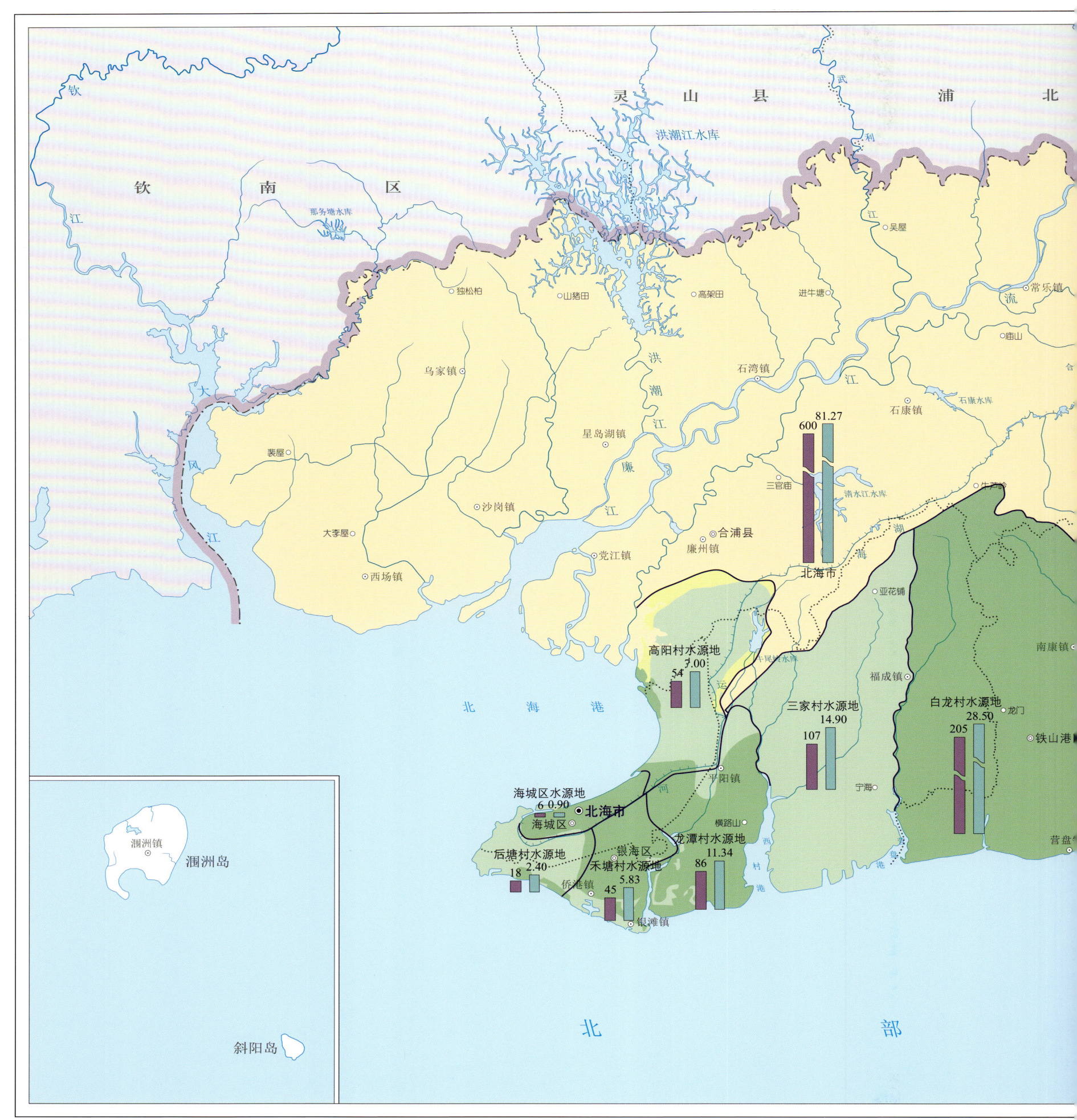

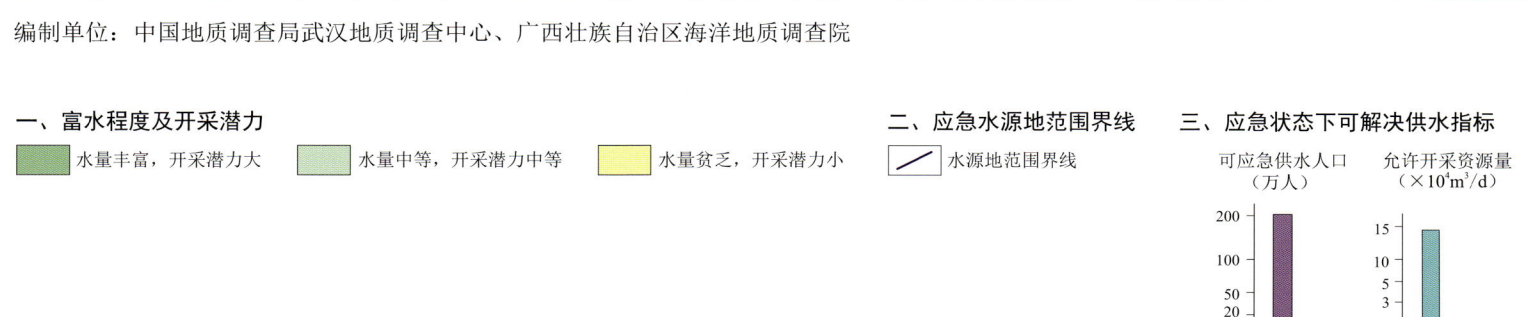

编制单位：中国地质调查局武汉地质调查中心、广西壮族自治区海洋地质调查院

一、富水程度及开采潜力
- 水量丰富，开采潜力大
- 水量中等，开采潜力中等
- 水量贫乏，开采潜力小

二、应急水源地范围界线
- 水源地范围界线

三、应急状态下可解决供水指标
- 可应急供水人口（万人）
- 允许开采资源量（×10⁴m³/d）

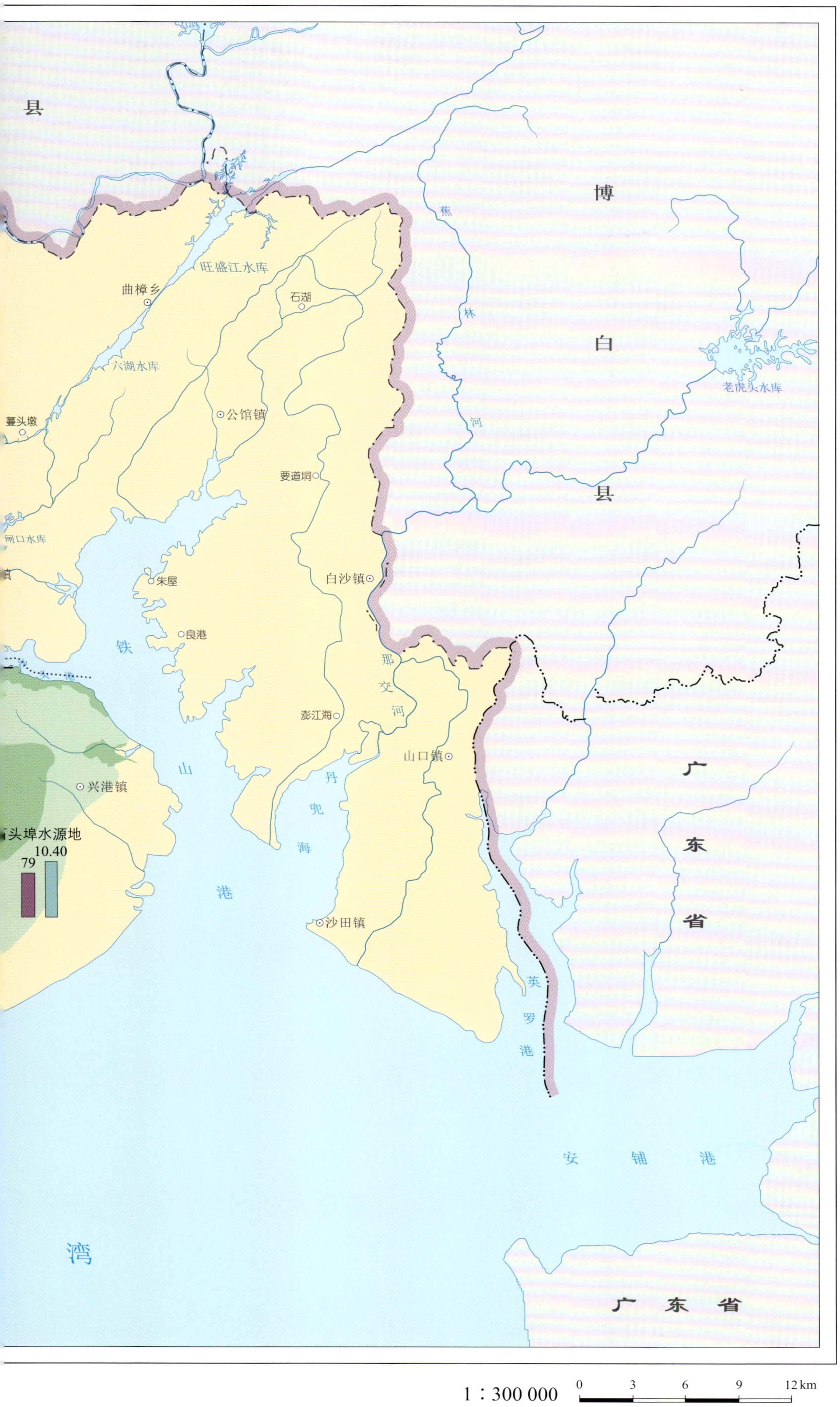

## 2 水资源开发利用与保护图

### 2.6.1 资料来源

资料来源于"广西北部湾生态环境地质调查"项目调查资料及《广西壮族自治区北部湾经济区环境地质调查报告》。

### 2.6.2 图件说明

北海市应急（后备）水源地包括高阳村水源地、海城区水源地、后塘村水源地、禾塘村水源地、龙潭村水源地、石头埠水源地、三家村水原地和白龙村水源地，允许开采资源量约为 $81.27\times10^4 m^3/d$，可应急供水人口约600万人，详细数据见表1。

表1 北海市应急地下水水源地潜力汇总表

| 水源地 | 天然资源量（×10⁴m³/d） | 允许开采资源量（×10⁴m³/d） | 可应急供水人口（万人） | 允许开采模数[×10³m³/(d·km²)] |
|---|---|---|---|---|
| 高阳村水源地 | 12.39 | 7.00 | 54 | 279～2500 |
| 海城区水源地 | 1.51 | 0.90 | 6 | |
| 后塘村水源地 | 2.87 | 2.40 | 18 | |
| 禾塘村水源地 | 9.18 | 5.83 | 45 | |
| 龙潭村水源地 | 21.43 | 11.34 | 86 | |
| 石头埠水源地 | 19.54 | 10.40 | 79 | |
| 三家村水源地 | 18.61 | 14.90 | 107 | |
| 白龙村水源地 | 40.50 | 28.50 | 205 | |
| 合计 | 126.03 | 81.27 | 600 | 279～2500 |

注：应急供水人口计算的应急供水量按允许开采资源量的80%计算。

1：300 000

## 2.7 北海市地下水开发利用与保护建议图

编制单位：中国地质调查局武汉地质调查中心、广西壮族自治区海洋地质调查院

一、开发利用分区
| 可规模开发利用区 | 可分散开发利用区 | 不宜开发利用区 |
|---|---|---|

二、开发利用前景分区
| 可扩大开采区 | 可适度扩大开采区 | 可维持现状开采区 | 可适度控制开采区 | 严禁开采区 |
|---|---|---|---|---|

## 2 水资源开发利用与保护图

### 2.7.1 资料来源

资料来源于《北海市地下水超采区水源地替代示范工程综合研究报告》和《北海市禾塘水厂供水井异地迁移方案论证报告》资料。

### 2.7.2 图件说明

北海市地下水资源开发利用分为可规模开发利用区、可分散开发利用区和不宜开发利用区。其中，合浦盆地的中部、西场镇至沙岗镇一带北侧、合浦县至常乐镇一带及南康盆地的大部分区域，水量丰富，为可规模开发利用区。沿合浦盆地可规模开发利用区的两侧，乌家镇至石湾镇一带、合浦县至石康镇一带的南侧，石湾镇至下山陂水库一带，南康盆地的北部区域，公馆镇、白沙镇、沙田镇等区域，水量中等，为可分散开发利用区。其他区域为不宜开发利用区，主要包括沿海及丘陵一带，水量贫乏。

在地下水水量丰富区域，开发利用前景主要为可扩大开采区。由于北海市已经对禾塘村、龙潭村、三家村、白龙村和石头埠等水源地进行过相应的开发利用，因此该区域为可适度扩大开采区。在地下水水量中等区域，开发利用前景主要为可适度扩大开采区，高阳村水源地区域为可维持现状开采区。在地下水水量贫乏区域，开发利用前景主要为可适度控制开采区。靠近海岸线一带，由于受海水影响，分布有地下咸水区，为严禁开采区。

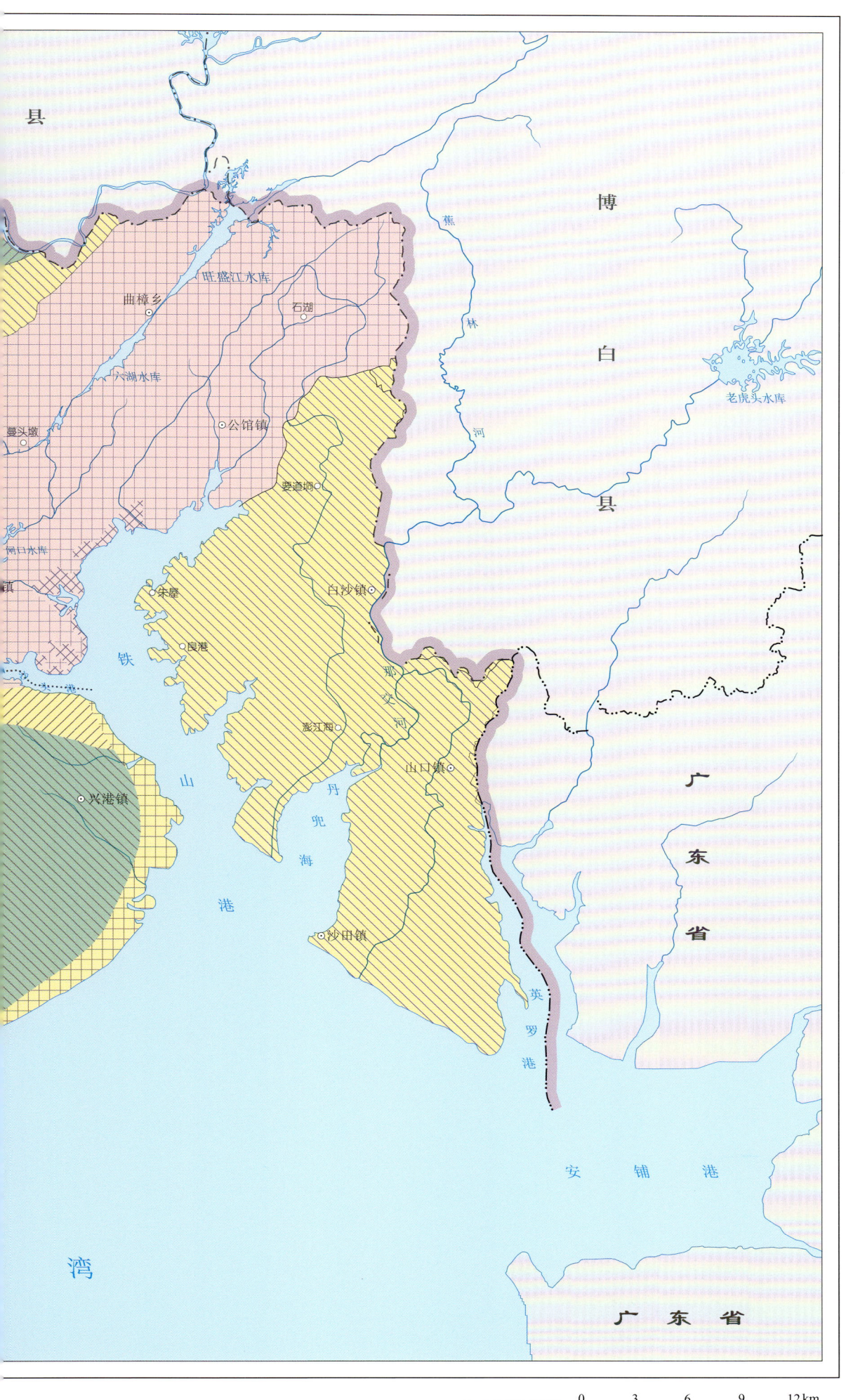

1 : 300 000

## 2.8 北海市浅层地下水功能区划图

编制单位：中国地质调查局武汉地质调查中心、广西壮族自治区海洋地质调查院

地下水功能区

| 集中式供水水源区 | 分散式开发利用区 | 地下水限采区 |
| --- | --- | --- |

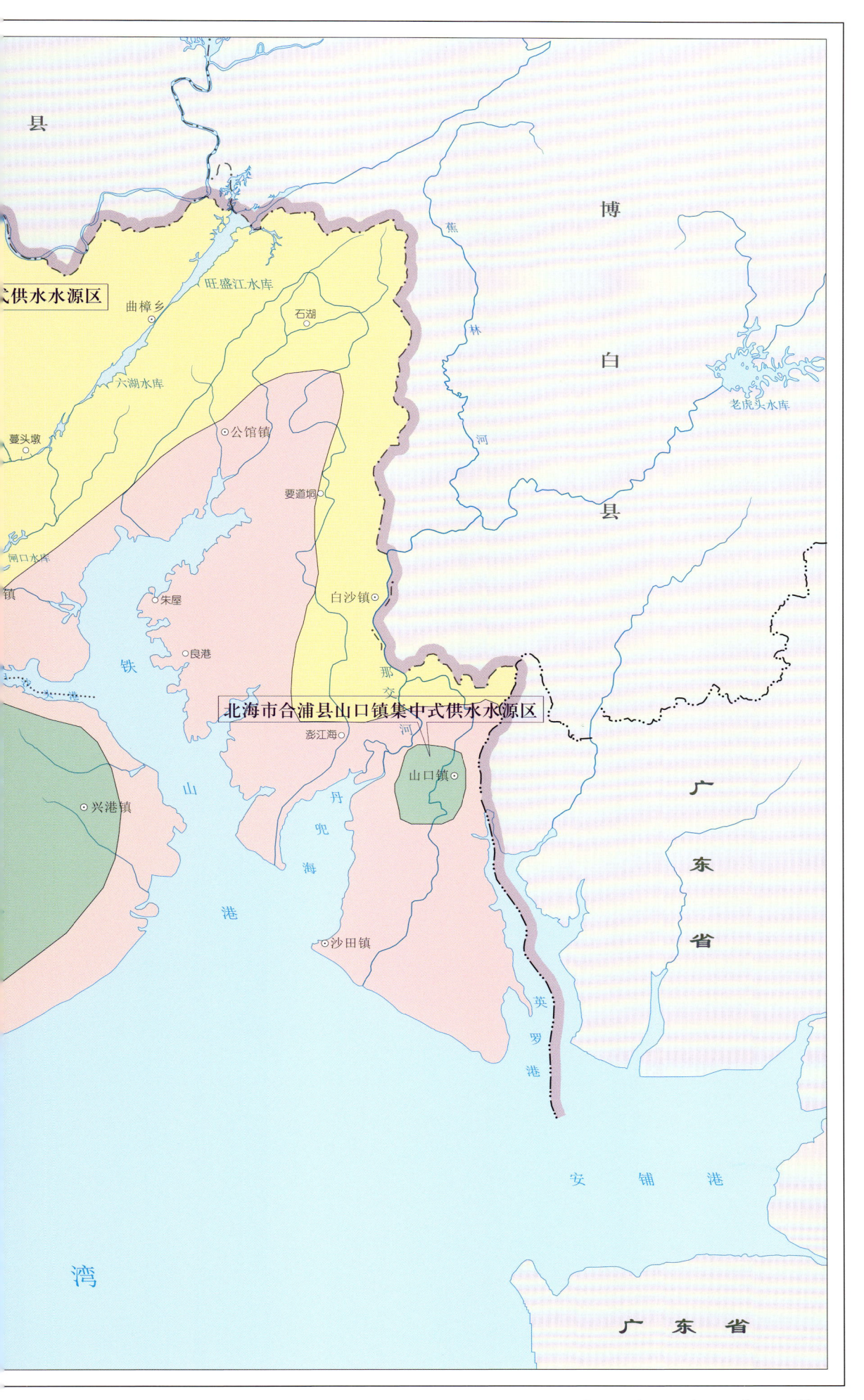

## 2 水资源开发利用与保护图

### 2.8.1 资料来源

资料主要来源于《广西地下水开发利用与保护规划报告》中的附图3。

### 2.8.2 图件说明

北海市共分为8个地下水二级功能区，有集中式供水水源区、分散式开发利用区、地下水限采区3种类型。

#### 2.8.2.1 集中式供水水源区

1. 北海市合浦县山口镇集中式供水水源区

该水源区地下水主要用于合浦县山口镇工业企业及居民生活供水，面积为16km²。地下水类型为孔隙水，矿化度小于1.0g/L。现状水质为Ⅳ类，目标管理水质为Ⅲ类。该区地下水未超采，但需减少开采量。

2. 北海市合浦县常乐镇集中式供水水源区

该水源区地下水主要用于合浦县常乐镇工业企业及居民生活供水，面积为19km²。地下水类型为孔隙水，矿化度小于1.0g/L。现状水质为Ⅳ类，目标管理水质为Ⅲ类。该区地下水未超采，但需减少开采量。

3. 北海市集中式供水水源区

该水源区地下水主要用于北海市城区工业企业及周边居民生活供水，面积为736km²。地下水类型为孔隙水，矿化度小于1.0g/L。现状水质为Ⅳ类，目标管理水质为Ⅲ类。该区地下水整体未超采，但由于开采井布局不合理，海城区、禾塘村一带局部已超采，局部近海地区导致海水入侵，需减少开采量。

4. 北海市合浦县集中式供水水源区

该水源区地下水主要用于合浦县城区工业企业及周边居民生活供水，面积为53km²。地下水类型为孔隙水，矿化度小于1.0g/L。现状水质为Ⅳ类，目标管理水质为Ⅲ类。该区地下水未超采，但需减少开采量。

5. 北海市涠洲岛集中式供水水源区

该水源区地下水主要用于北海市涠洲岛旅游开发及居民生活供水，面积为15km²。地下水类型为孔隙水，矿化度小于1.0g/L。现状水质为Ⅳ类，目标管理水质为Ⅲ类。该区地下水未超采，但需减少开采量。

#### 2.8.2.2 分散式开发利用区

北海市合浦县分散式开发利用区分布广泛，面积为1840km²，现状水质一般为Ⅱ～Ⅲ类，少部分为Ⅳ类，目标管理为Ⅱ～Ⅲ类，不低于现状水质，开发利用不能造成地下水水位持续下降，不诱发地质环境问题。该区是北海地下水功能区的重要组成部分，开采强度不大。

#### 2.8.2.3 地下水限采区

在沿海一带，开采地下水易引起海水入侵的区域由于为地质灾害易发区，因此被划分为地下水限采区，分别为北海市沿海地下水限采区、北海市涠洲岛地下水限采区。其中，涠洲岛面积小，是独立水文地质单元，本应全部划为地质灾害易发区，但考虑到岛内的发展，在开发利用地下水的同时要做好保护工作，从而降低海水入侵的风险，因此岛屿临海地带根据水文地质条件划分出地下水限采区。现状水质为Ⅱ～Ⅳ类，目标管理水质为Ⅱ～Ⅲ类。该区需控制开采，维持合理的生态水位，从而不引发地质灾害。

## 2.9 北海市地下水集中式供水水源代替工程规划图

编制单位：中国地质调查局武汉地质调查中心、广西壮族自治区海洋地质调查院

一、代替工程
- 🔴 牛尾岭水库二期补水工程
- ⚫ 洪潮江水库补水工程

二、地下水功能区

| 集中式供水水源区 | 分散式开发利用区 | 地下水限采区 |
|---|---|---|

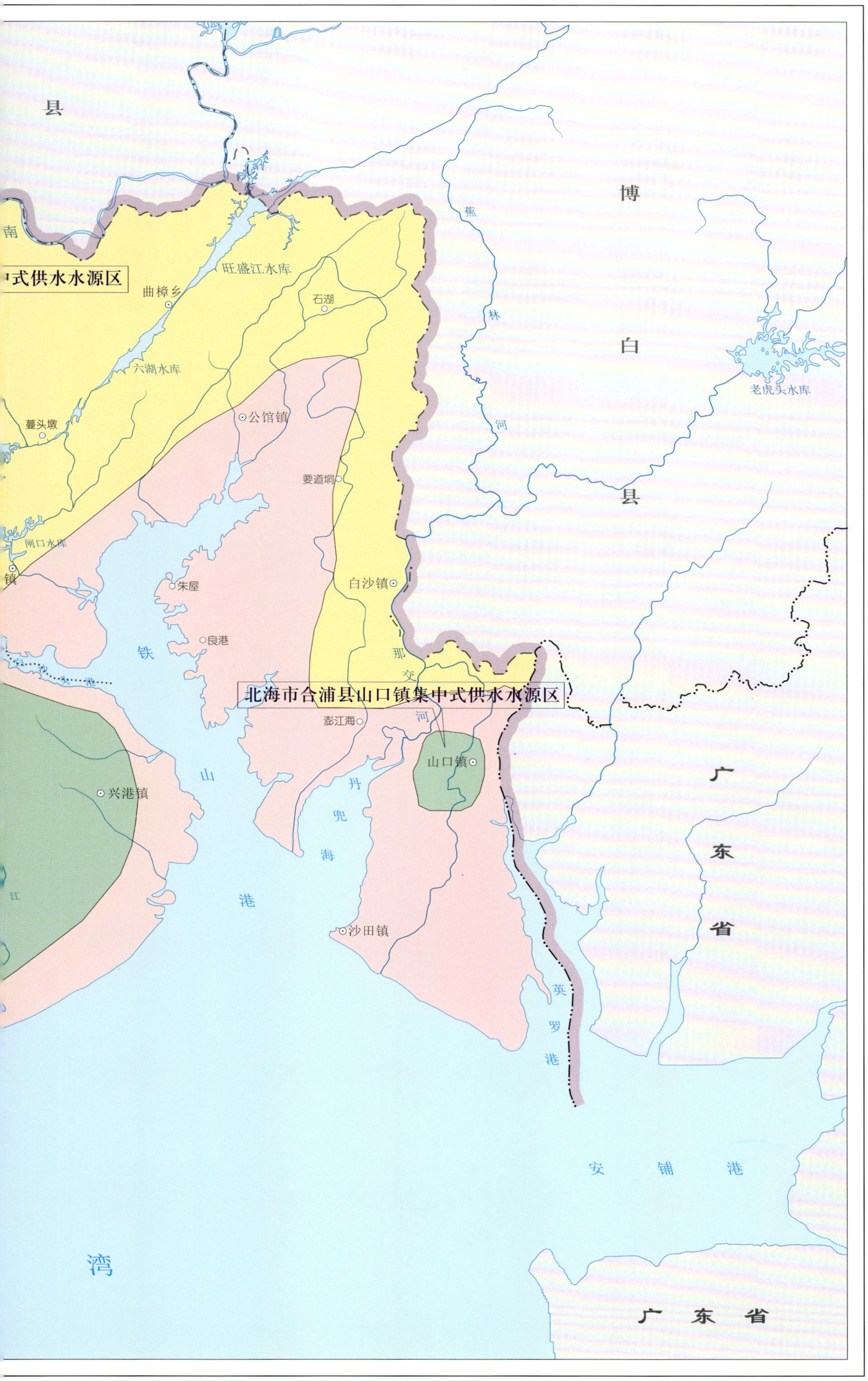

## 2 水资源开发利用与保护图

### 2.9.1 资料来源

资料主要来源为《广西地下水开发利用与保护规划报告》及《北海市主城区市政工程专项规划》。

### 2.9.2 图件说明

北海市地下水集中式供水水源代替工程主要以地表水为代替水源，主要有洪潮江水库及牛尾岭水库。

规划水平年分为2020年及2030年，主要涉及的集中式供水水源区为北海市集中式供水水源区及北海市合浦县集中式供水水源区。

规划到2020年，牛尾岭水库代替北海市集中式供水水源区，供水水量为 $10\,650\times10^4\,m^3/a$；洪潮江水库代替北海市合浦县集中式供水水源区，供水水量为 $200\times10^4\,m^3/a$。

规划到2030年，洪潮江水库代替北海市集中式供水水源区，供水水量为 $10\,960\times10^4\,m^3/a$；洪潮江水库代替北海市合浦县集中式供水水源区，供水水量为 $500\times10^4\,m^3/a$。

1 : 300 000

## 2.10 北海市南康盆地承压水资源开发利用现状图

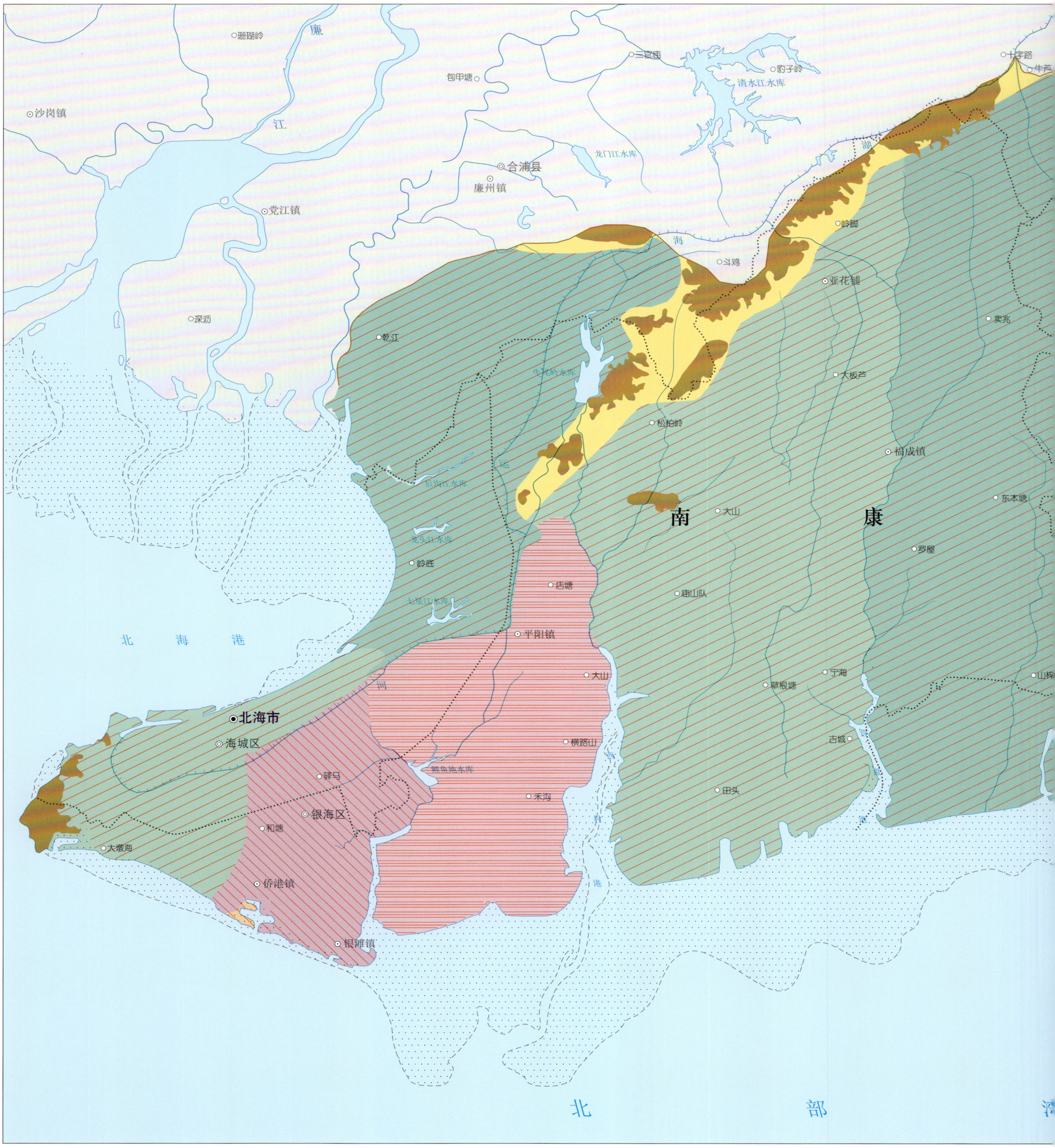

编制单位：中国地质调查局武汉地质调查中心、广西壮族自治区海洋地质调查院

承压水开采模数分级　　单位：×10⁴m³/(a·km²)

| 开采模数>50 | 开采模数 30~50 | 开采模数 20~30 | 开采模数 10~20 | 开采模数 5~10 | 开采模数 3~5 | 开采模数<3 |

承压水开采程度分级　　单位：%

| 开采模数>120 | 开采模数 105~120 | 开采模数 95~105 | 开采模数 80~95 | 开采模数<80 |

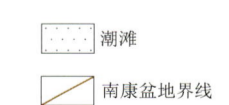

不具备开采区　　基岩出露区　　潮滩　　南康盆地界线

注：承压水开采模数分级与开采程度分级均为《全国地下水资源及其环境问题调查评价技术要求》各分级图例均列出，图中以统计为准。

## 2 水资源开发利用与保护图

### 2.10.1 资料来源

资料主要来源于广西壮族自治区地质环境监测总站"北部湾经济区南康盆地调查评价"项目成果。

### 2.10.2 图件说明

根据《全国地下水资源及其环境问题调查评价技术要求》，南康盆地承压水资源开发利用现状分级可分别按地下水资源开采模数分级（表1）和地下水资源开采程度分级（表2）。

#### 2.10.2.1 开采模数

南康盆地承压水资源按地下水资源开采模数[开采模数单位：$\times 10^4 m^3/(a \cdot km^2)$]分级可分为7个级别（表1）。

由图1可见，南康盆地承压水开采模数＞50的区域主要分布于盆地西南角，面积约41.80km²，占4.38%；开采模数30~50的区域主要分布于西南角，面积约81.37km²，占8.52%；开采模数5~10的区域主要分布于东部，面积约175.23km²，占18.34%；开采模数3~5的区域主要分布于中部以及西南部局部区域，面积约224.62km²，占23.51%；开采模数＜3的区域面积约432.37km²，占45.26%；开采模数为20~30和10~20的区域面积均为0，占比为0。

表1 地下水开采模数分级

| 序号 | 开采模数<br>[$\times 10^4 m^3/(a \cdot km^2)$] |
|---|---|
| 1 | ＞50 |
| 2 | 30~50 |
| 3 | 20~30 |
| 4 | 10~20 |
| 5 | 5~10 |
| 6 | 3~5 |
| 7 | ＜3 |

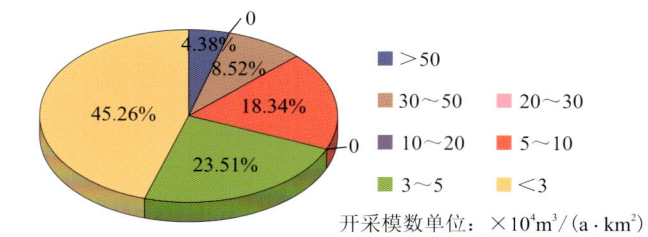

图1 南康盆地承压水开采模数分级占比图

#### 2.10.2.2 开采程度

南康盆地承压水资源按地下水资源开采程度分级可分为5个级别（表2）。

由图2可见，南康盆地承压水开采程度95%~105%的区域主要分布于西南角，面积约41.85km²，占4.38%；开采程度80%~95%的区域主要分布于西南角，面积约81.40km²，占8.52%；开采程度＜80%的区域面积约832.14km²，占87.11%；开采程度＞120%和开采程度为105%~120%的区域均为0。

表2 地下水资源开采程度分级

| 序号 | 开采程度（%） |
|---|---|
| 1 | ＞120 |
| 2 | 105~120 |
| 3 | 95~105 |
| 4 | 80~95 |
| 5 | ＜80 |

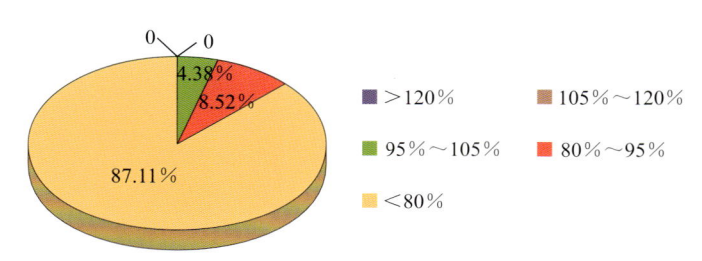

图2 南康盆地承压水开采程度分级占比图

## 2.11 北海市南康盆地承压水资源潜力分区图

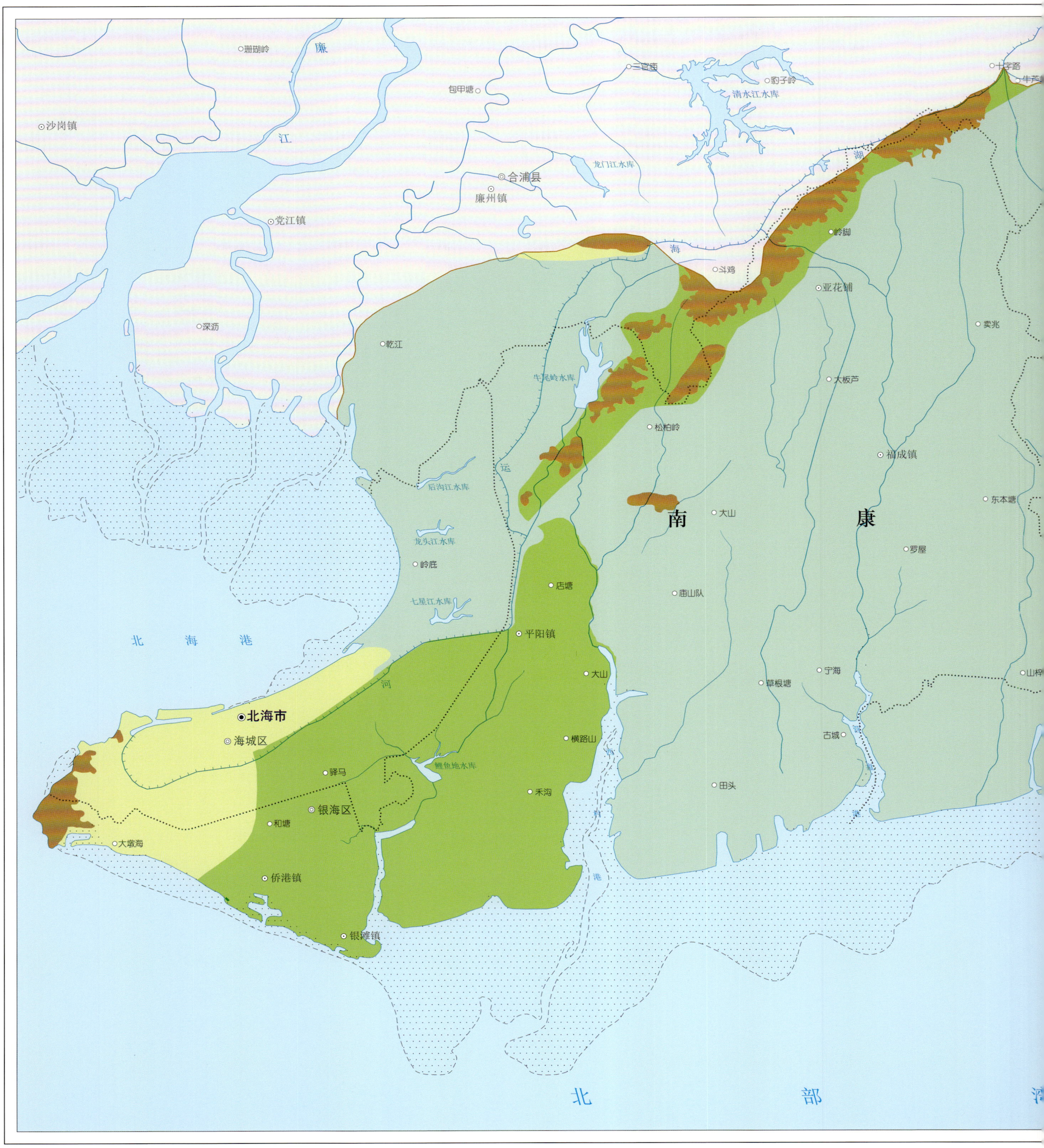

编制单位：中国地质调查局武汉地质调查中心、广西壮族自治区海洋地质调查院

**承压水潜力分区**

| 潜力不足，已经超采 | 仍具有开采潜力 | 有潜力，可扩大开采 | 基岩出露区 | 南康盆地界线 |

## 2 水资源开发利用与保护图

### 2.11.1 资料来源

资料主要来源于广西壮族自治区地质环境监测总站"北部湾经济区南康盆地调查评价"项目成果。

### 2.11.2 图件说明

根据《全国地下水资源及其环境问题调查评价技术要求》，南康盆地承压水资源潜力分区可分别按地下水潜力模数分级（表1）和地下水潜力系数分级（表2）进行划分，最终分为3级潜力分区。

#### 2.11.2.1 潜力模数

南康盆地承压水资源潜力分区按地下水潜力模数分级[潜力模数单位：$\times 10^4 m^3/(a\cdot km^2)$]可分为5个级别（表1）。

由图1可知，南康盆地承压水潜力模数3～5的区域主要分布于盆地西南角，面积约43.29km²，占4.48%；承压水潜力模数1～3的区域主要分布于盆地西南部，面积约81.74km²，占8.46%；承压水潜力模数大于10的区域，面积约841.26km²，占87.06%；承压水潜力模数5～10及-1～1的区域面积均为0，占比均为0。

表1　地下水资源潜力模数分级

| 序号 | 潜力模数<br>[$\times 10^4 m^3/(a\cdot km^2)$] |
|---|---|
| 1 | >10 |
| 2 | 5～10 |
| 3 | 3～5 |
| 4 | 1～3 |
| 5 | -1～1 |

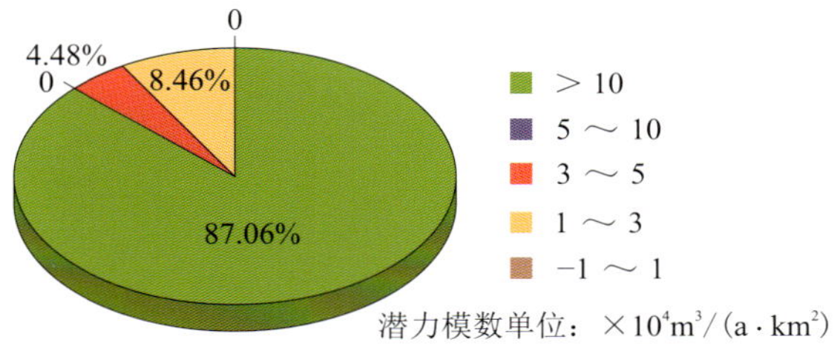

图1　南康盆地承压水潜力模数占比图

#### 2.11.2.2 潜力系数

南康盆地承压水资源潜力分区按地下水潜力系数分级可分为4个级别（表2）。

由图2可知，南康盆地承压水潜力系数$a<1$的区域主要分布于盆地北部，面积为49.91km²，占4.91%；潜力系数$1\leq a<1.2$的区域主要分布于盆地的西南部，面积约125.03km²，占比12.30%；潜力系数$1.2\leq a<1.4$的区域为0，占比为0。潜力系数$a\geq 1.4$的区域，面积约841.56km²，占比82.79%。

表2　地下水潜力系数分级

| 序号 | 潜力系数（$a$） |
|---|---|
| 1 | <1 |
| 2 | $1\leq a<1.2$ |
| 3 | $1.2\leq a<1.4$ |
| 4 | $\geq 1.4$ |

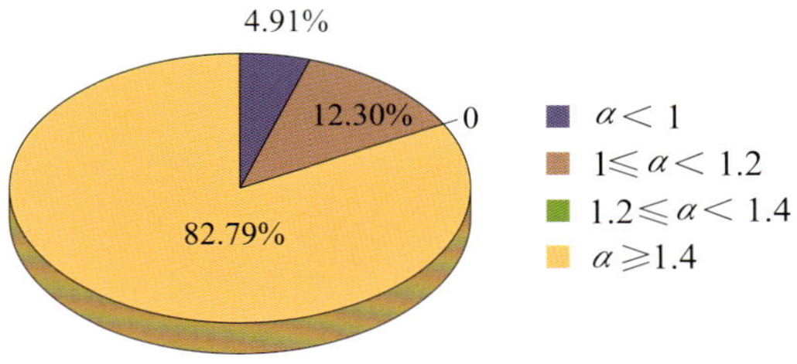

图2　南康盆地承压水潜力系数占比图

## 2.12 北海市南康盆地地下水开采现状监测网点分布图

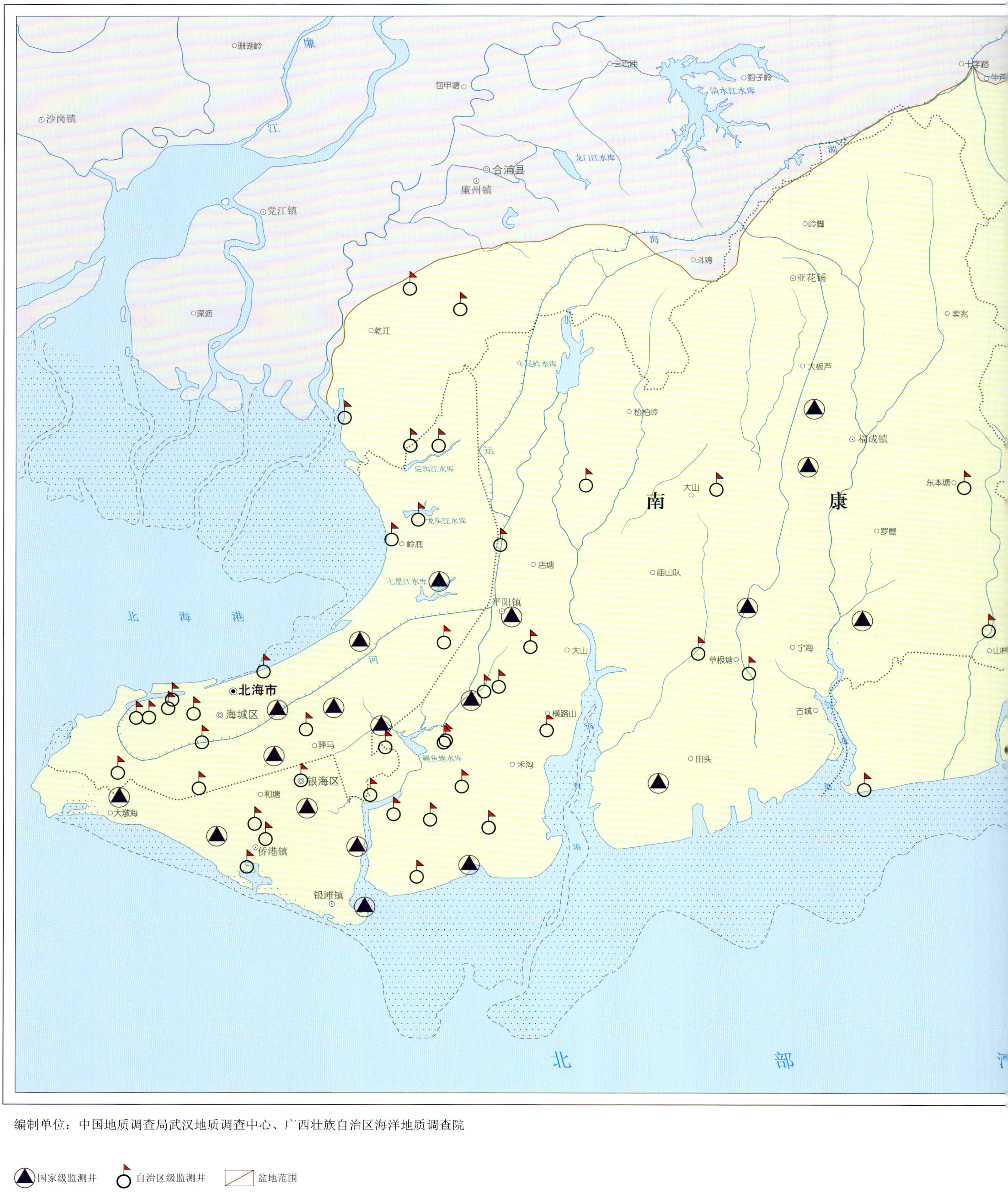

编制单位：中国地质调查局武汉地质调查中心、广西壮族自治区海洋地质调查院

▲ 国家级监测井　　🚩 自治区级监测井　　◇ 盆地范围

## 2 水资源开发利用与保护图

### 2.12.1 资料来源

资料来源于"北海市地下水动态监测网建设及国家地下水监测工程"项目成果。

### 2.12.2 图件说明

北海市地下水监测站主要分为国家级监测井和自治区级监测井,两者均于2017年建成,其中南康盆地国家级监测井29个,自治区级监测井52个。南康盆地已实现地下水监测的全覆盖和自动化,为预防地下水超量开采、海水入侵和地下水污染造成的地质环境破坏提供了技术保障,可确保北海市城市供水安全。

### 2.12.3 建议

具有集中供水的合浦盆地水源地尚未建立自治区级或国家级地下水监测井,因此为完善广西壮族自治区海岸带地下水监测网络,建议在合浦盆地水源地建立地下水监测井。

1 : 150 000

## 2.13 涠洲岛水资源分布图

编制单位：中国地质调查局武汉地质调查中心、广西壮族自治区海洋地质调查院

一、水资源量
- 地表水资源（包括地表溪沟水资源量）
- 地下水资源

二、其他
- 季节性溪沟
- 潮滩

## 2 水资源开发利用与保护图

### 2.13.1 资料来源

资料主要来源于广西壮族自治区海洋地质调查院"涠洲岛拟整治区域湿地生境生态调查"项目以及"涠洲岛地质生态环境调查评价"项目成果。

### 2.13.2 图件说明

涠洲岛水资源有地表水及地下水，多年平均地表水资源量为$0.16×10^8m^3/d$（包括地表溪沟水资源量），地下水资源量为$0.02×10^8m^3/d$。根据《水工环勘察规范》(1：5万)，涠洲岛地下水分布类型可分为松散岩类孔隙水和火山岩类孔洞裂隙水两类，详见表1。

表1 涠洲岛地下水类型和富水特征

| 序号 | 地下水类型 | 富水性 |
| --- | --- | --- |
| 1 | 松散岩类孔隙水 | 水量贫乏 |
| 2 | 火山岩类孔洞裂隙水 | 水量贫乏 |

由图1可知，涠洲岛松散岩类孔隙水主要集中于北部，面积约$5.58km^2$，占涠洲岛全岛面积（陆域面积按$25km^2$计算）的22.32%，火山岩类孔洞裂隙水面积为$19.42km^2$，占比77.68%。

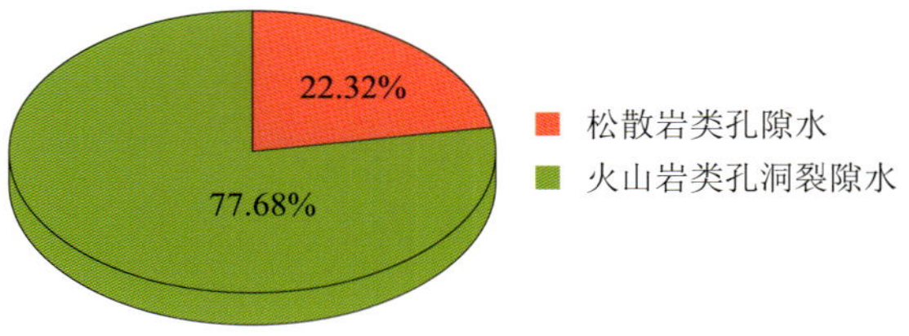

图1 涠洲岛地下水资源占比图

## 2.14 涠洲岛地下水资源开发利用潜力图

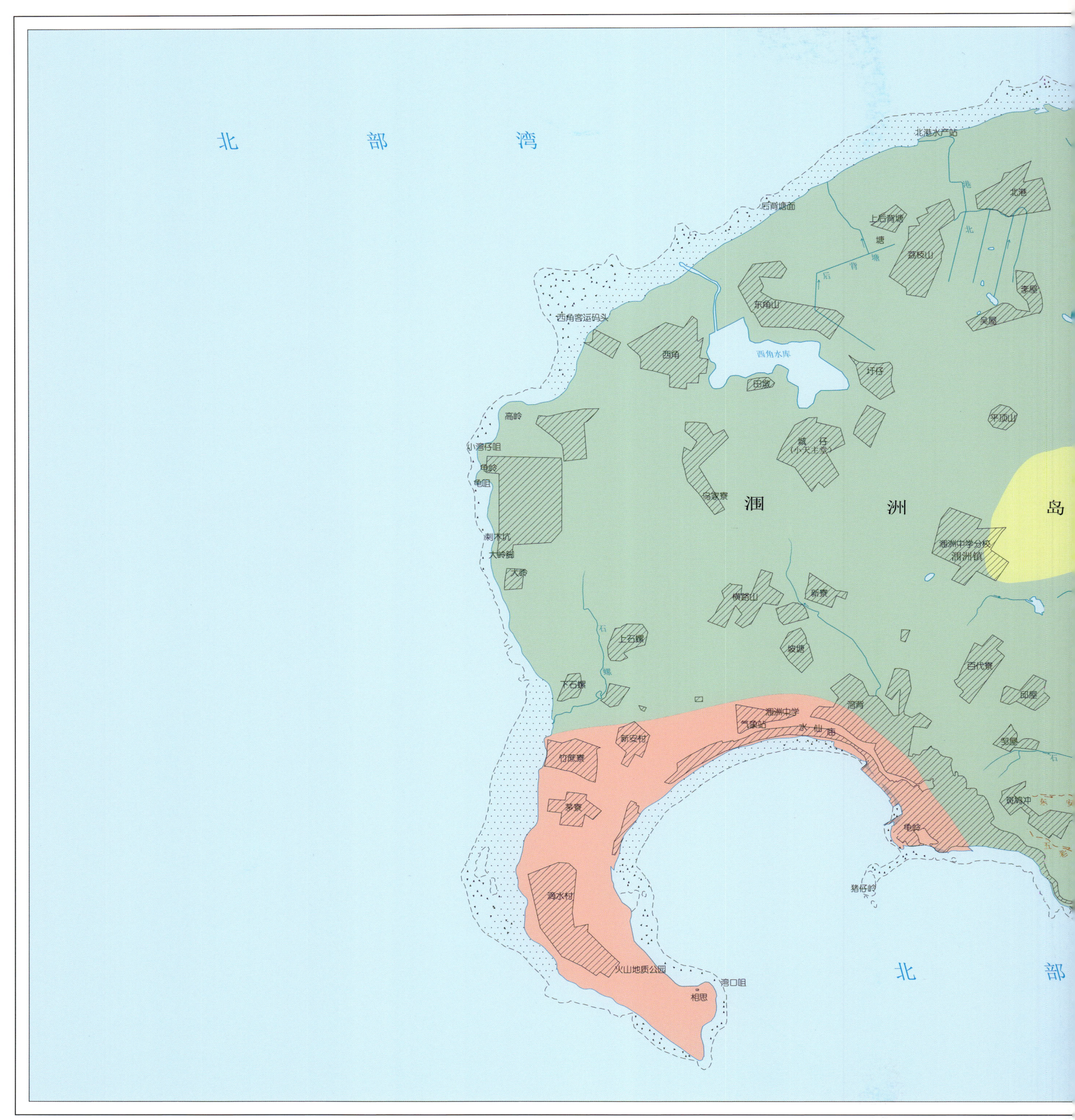

编制单位：中国地质调查局武汉地质调查中心、广西壮族自治区海洋地质调查院

一、潜力分区
- 有开采潜力，适度控制开采（适度控制开采区）
- 开采潜力不足，维持现状开采（可维持现状开采区）
- 无开采潜力，严禁开采（禁止开采区）

二、其他
- 季节性溪沟
- 潮滩

## 2 水资源开发利用与保护图

### 2.14.1 资料来源

资料主要来源于广西壮族自治区海洋地质调查院"涠洲岛拟整治区域湿地生境生态调查"项目以及"涠洲岛地质生态环境调查评价"项目成果。

### 2.14.2 图件说明

根据《县（市）区域水文地质调查基本要求》，结合涠洲岛自身情况，地下水资源开发利用潜力可分为3个级别，详见表1。

表1 地下水资源开发利用潜力分级

| 序号 | 开发利用潜力分级 |
|---|---|
| 1 | 有开采潜力，适度控制开采 |
| 2 | 开采潜力不足，维持现状开采 |
| 3 | 无开采潜力，严禁开采 |

由图1可知，涠洲岛地下水资源维持现状开采区主要分布于岛上平顶山一带，面积约为0.765km²，占涠洲岛全岛面积（陆域面积按25km²计算）的3.06%；禁止开采区主要分布在滴水村—南湾街以及东岸沟门村一带，面积为3.25km²，占比13.00%；适度控制开采面积为20.985km²，占比83.94%。

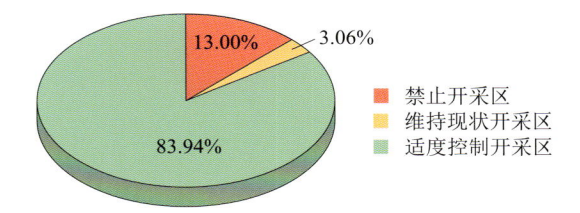

图1 涠洲岛地下水资源开发利用潜力分布占比图

## 2.15 涠洲岛浅层地下水质量评价图

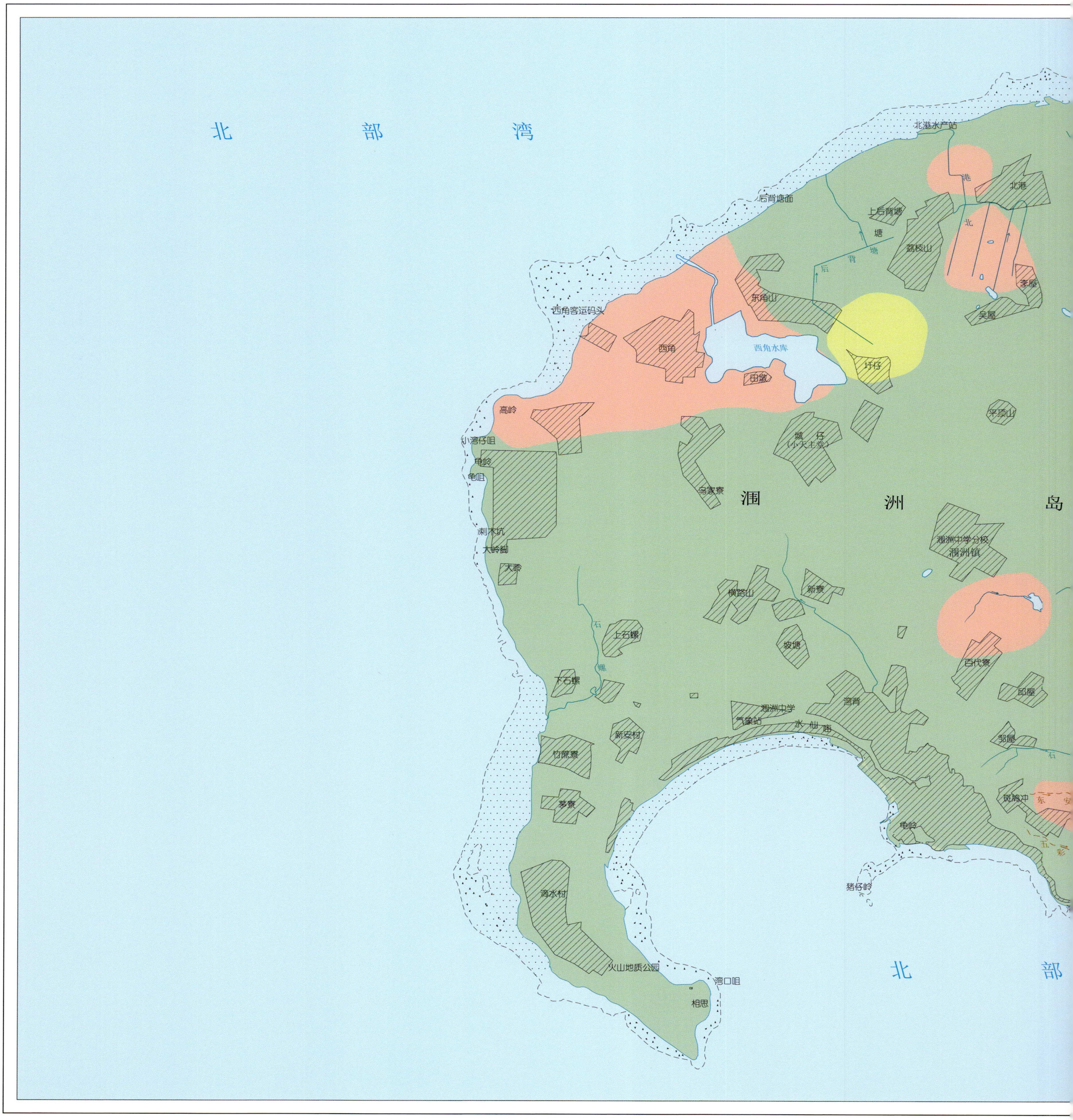

编制单位：中国地质调查局武汉地质调查中心、广西壮族自治区海洋地质调查院

一、水质分区
- 水质优良—良好区
- 水质较好区
- 水质较差区

二、其他
- 季节性溪沟
- 潮滩

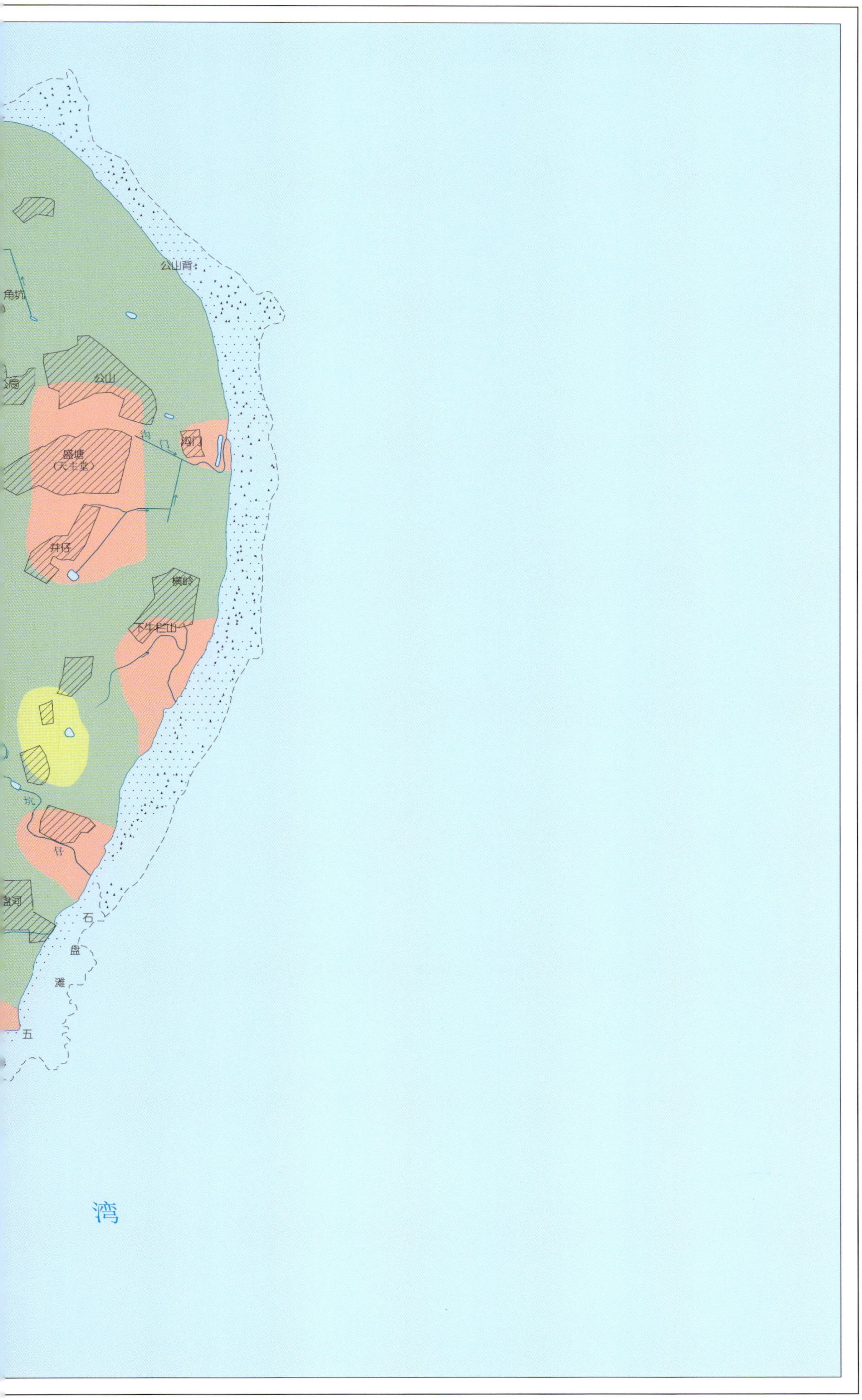

**2** 水资源开发利用与保护图

### 2.15.1 资料来源

资料主要来源于广西壮族自治区海洋地质调查院"涠洲岛拟整治区域湿地生境生态调查"项目以及"涠洲岛地质生态环境调查评价"项目成果。

### 2.15.2 图件说明

根据《地下水质量标准》（GB/T 14848—93）涠洲岛浅层地下水质量分区可分为3个级别，详见表1。

表1 地下水质量级别标准

| 级别 | 优良—良好 | 较好 | 较差 |
|---|---|---|---|
| $F$ | $F<2.50$ | $2.50 \leqslant F<4.25$ | $4.25 \leqslant F<7.20$ |

由图1可知，涠洲岛浅层地下水水质较差区主要分布于西角、东岸以及北部等局部区域，面积约4.68km²，占涠洲岛全岛面积（陆域面积按25km²计算）的18.72%；水质较好区主要分布于北部圩仔、东岸坑仔村一带，面积0.53km²，占比2.12%；水质优良—良好区面积约19.79km²，占比79.16%。总体上，涠洲岛浅层地下水水质较好。

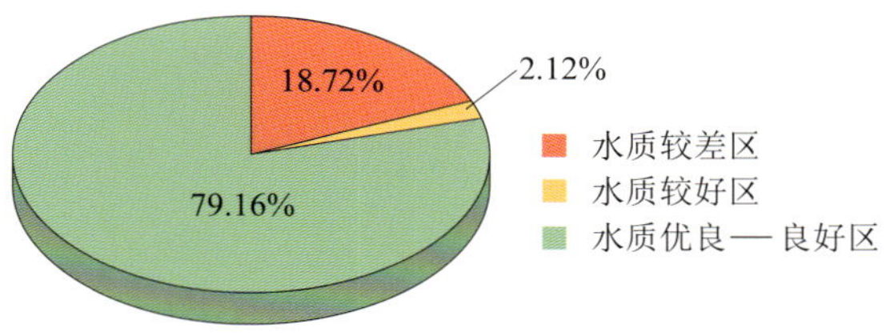

图1 涠洲岛浅层地下水质量占比图

## 2.16 涠洲岛深层地下水质量评价图

编制单位：中国地质调查局武汉地质调查中心、广西壮族自治区海洋地质调查院

一、水质分区
- 水质优良—良好区
- 水质较好区
- 水质较差区

二、其他
- 季节性溪沟
- 潮滩

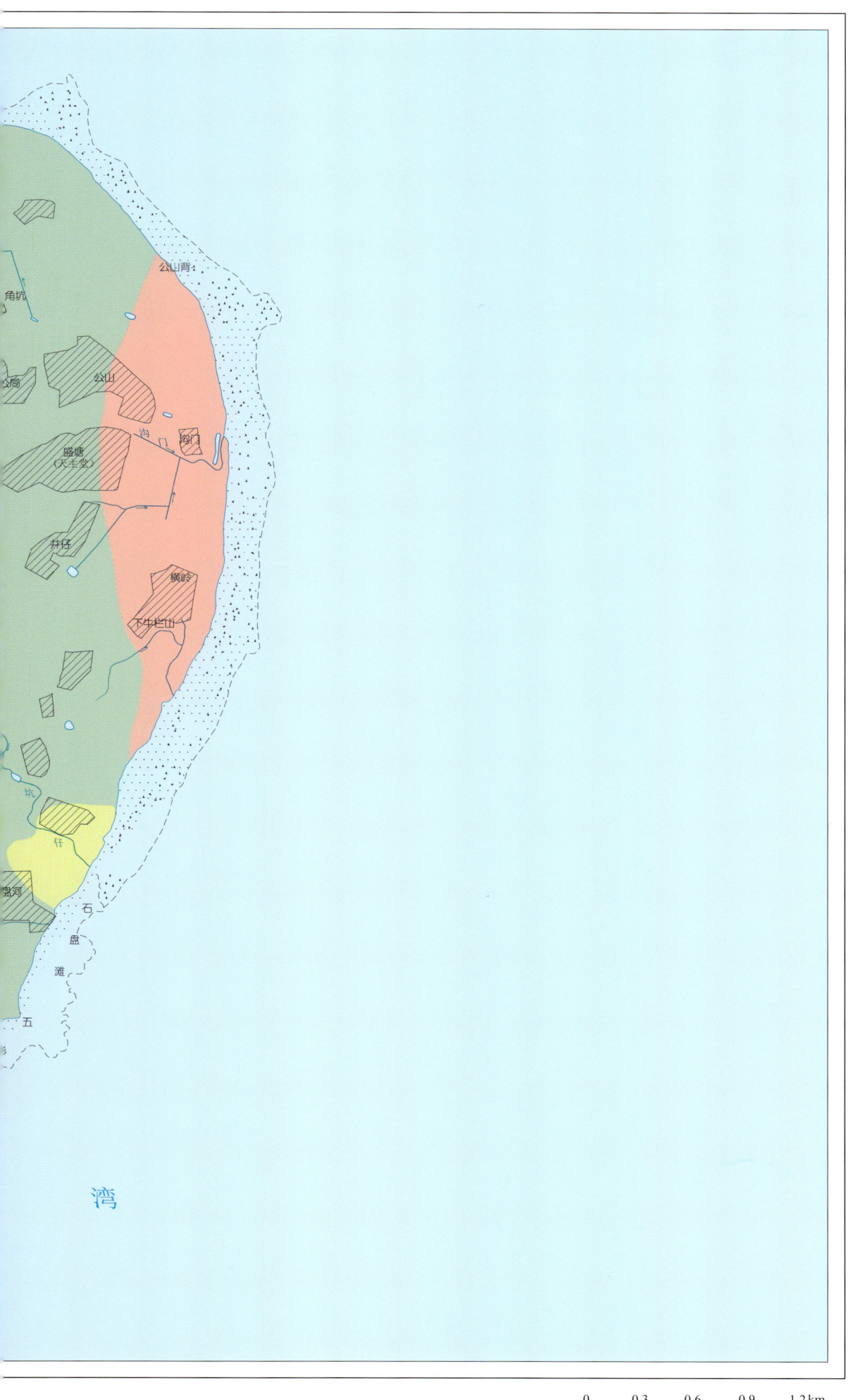

## 2 水资源开发利用与保护图

### 2.16.1 资料来源

资料主要来源于广西壮族自治区海洋地质调查院"涠洲岛拟整治区域湿地生境生态调查"项目以及"涠洲岛地质生态环境调查评价"项目成果。

### 2.16.2 图件说明

根据《地下水质量标准》(GB/T 14848—93)，涠洲岛深层地下水质量分区可分为3个级别，详见表1。

表1 地下水质量级别标准

| 级别 | 优良—良好 | 较好 | 较差 |
|---|---|---|---|
| $F$ | $F < 2.50$ | $2.50 \leqslant F < 4.25$ | $4.25 \leqslant F < 7.20$ |

由图1可知，涠洲岛深层地下水水质较差区主要分布于滴水村、东岸等局部区域，面积约3.36km²，占涠洲岛全岛面积（陆域面积按25km²计算）的13.44%，水质较好区主要分布于东岸石盘河、下坑仔村一带，面积约0.25km²，占比1.00%；水质优良—良好区，面积为21.39km²，占比86.46%。总体上，涠洲岛深层地下水水质较好。

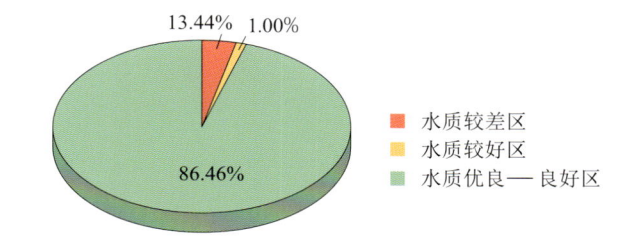

图1 涠洲岛深层地下水质量占比图

# 3 | 自然资源图

## 3.1 北海市地热资源开发利用建议图

编制单位：中国地质调查局武汉地质调查中心、广西壮族自治区海洋地质调查院

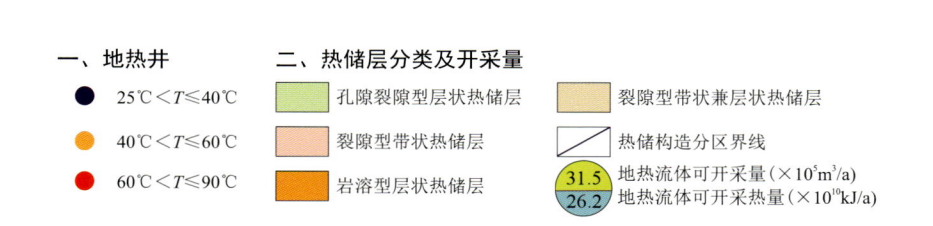

一、地热井
- ● 25℃＜T≤40℃
- ● 40℃＜T≤60℃
- ● 60℃＜T≤90℃

二、热储层分类及开采量
- 孔隙裂隙型层状热储层
- 裂隙型带状热储层
- 岩溶型层状热储层
- 裂隙型带状兼层状热储层
- 热储构造分区界线
- 31.5 / 26.2 地热流体可开采量（×10³m³/a） / 地热流体可开采热量（×10¹⁰kJ/a）

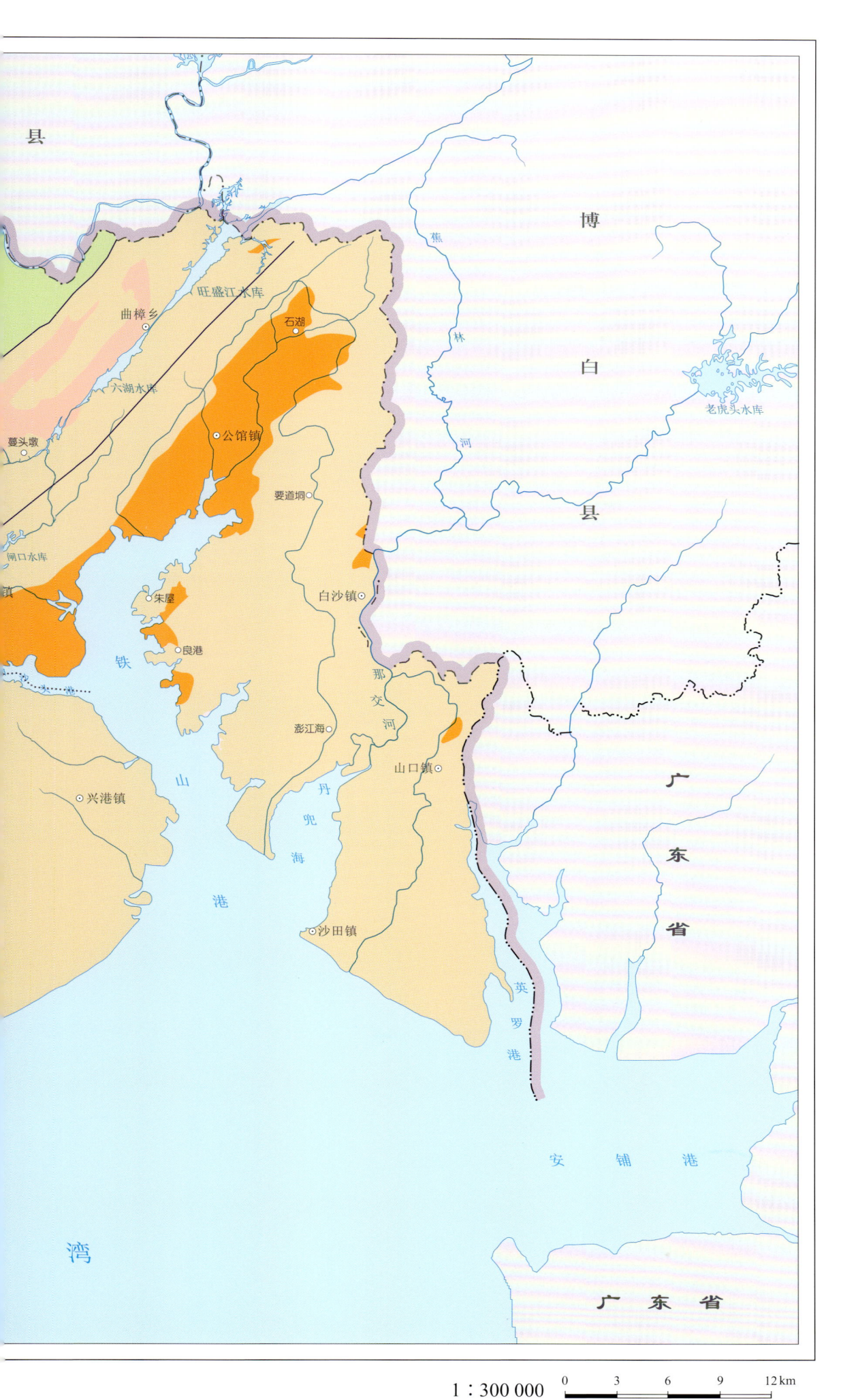

### 3.1.1 资料来源

资料来源于"广西北部湾生态环境地质调查"项目调查资料，以及《广西壮族自治区北部湾经济区环境地质调查报告》和《广西海岸带地热资源分布图（1∶50万）》。

### 3.1.2 图件说明

北海市地热资源类型分为隆起山地对流型和沉积盆地传导型。隆起山地对流型地热资源在经济区内多以温泉的形式出露地表。沉积盆地传导型地热资源以隐伏地热田形式分布于合浦中生代—新生代断陷盆地中，地表无地热异常显示，地热资源开发利用需要依靠人工钻井揭露。

北海市地热资源较为丰富，地热储层分为孔隙裂隙型层状热储层、裂隙型带状热储层、岩溶型层状热储层、裂隙型带状兼层状热储层4类。地热资源开发利用方式主要为直接抽（引）地热水进行温泉疗养（休闲娱乐）、洗浴疗养等，开发利用程度及综合利用率低，见表1。地热流体可开采量及可开采热量详见图数据。

表1　北海市地热资源开发利用现状

| 序号 | 名称 | 温度（℃） | 开发利用状态 |
|---|---|---|---|
| 1 | 北海合浦石湾地热井 | 65.0 | 规划建设为休闲娱乐、洗浴疗养 |
| 2 | 北海涠洲岛石盘河地热井 | 45.0 | 规划建设为休闲娱乐、洗浴疗养 |
| 3 | 北海天隆地热井 | 36.0 | 住宅小区供热水 |
| 4 | 北海森海豪庭地热井 | 35.7 | 住宅小区供热水 |

1∶300 000

## 3.2 北海市优势矿产资源分布图

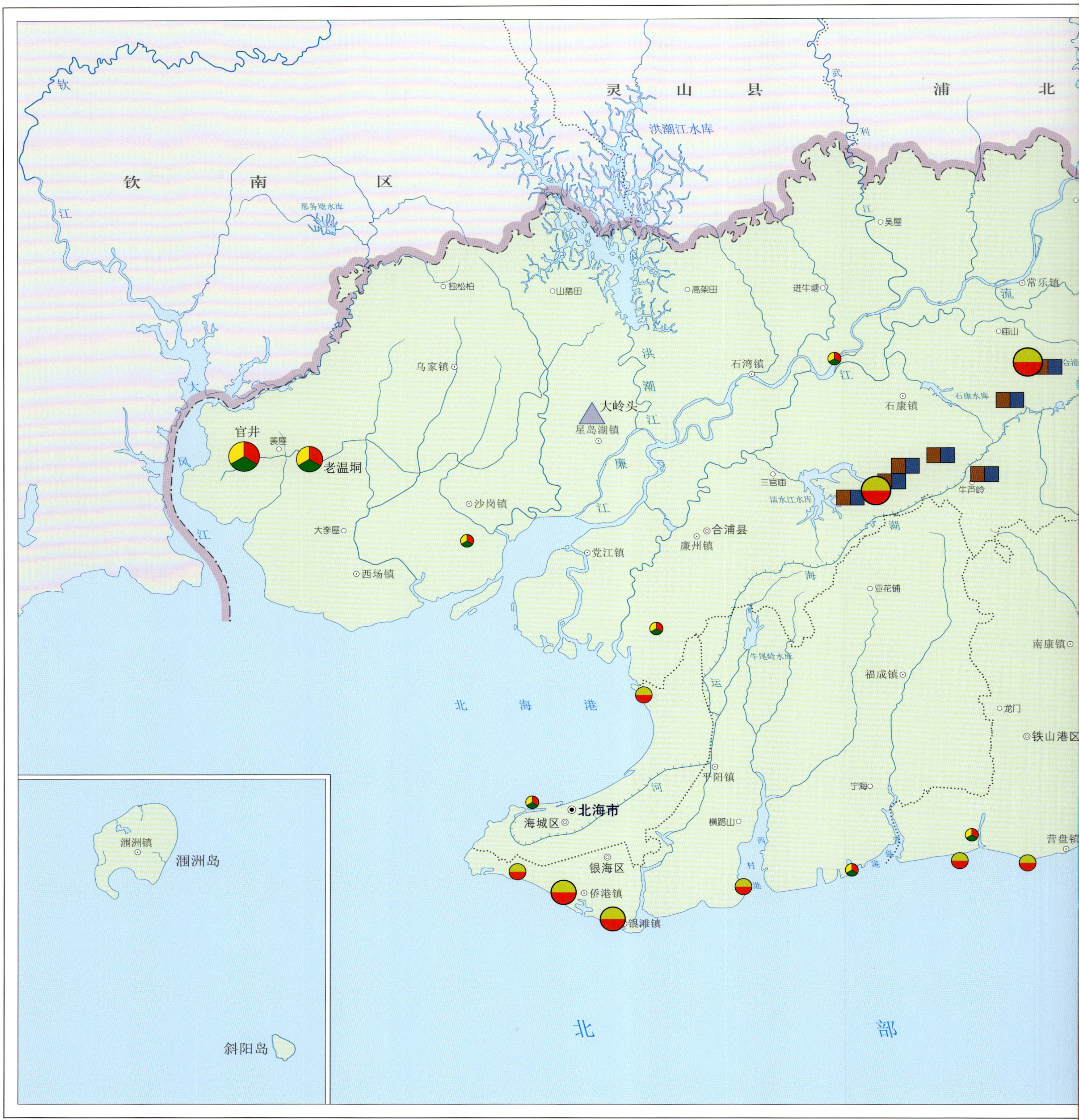

编制单位：中国地质调查局武汉地质调查中心、广西壮族自治区海洋地质调查院

图例：
- 大型、小型高岭土矿床
- 大型、中型、小型玻璃石英砂矿床
- 大型、中型、矿点钛铁矿砂矿床
- 大型石膏矿床

## 3 自然资源图

### 3.2.1 资料来源

资料主要来源于《北海市矿产资源分布图》和《北海市矿产资源总体规划（2016—2020年）》。图件由北海市人民政府提交，北海市自然资源局组织，由广西壮族自治区金土矿业评估咨询有限公司提交。

### 3.2.2 图件说明

#### 3.2.2.1 高岭土矿床分布

高岭土主要分布在合浦县星岛湖乡，合浦县石康镇红碑城村、庞屋村、十字路村，合浦县廉州镇清水江、清山村，合浦县常乐镇南莲北村委多处及北海市铁山港区南康镇长安西。北海市现已查明11处大型矿床，查明高岭土保有矿石储量为$8.42\times10^8$t，居广西首位，为广西储量最大的高岭土矿区。此外，有8处高岭土矿床伴生有玻璃石英砂矿，其中7处达到大型矿床规模，1处达中型矿床规模。

#### 3.2.2.2 玻璃石英砂矿床分布

玻璃石英砂主要分布于北海海岸线及合浦县沙岗镇太平岭、双文村、青丘岭、冲屋岭、文屋村、刘屋村、常乐镇天堂岭等地。北海市已发现矿产地11处，其中大型矿床3处，中型矿床2处，小型矿床6处。北海市已查明玻璃石英砂矿床保有矿石储量为$3.18\times10^8$t，居广西首位。

#### 3.2.2.3 钛铁矿矿砂矿床分布

钛铁矿矿砂主要分布在合浦县西场镇官井一带，北海市已查明矿产地10处，其中大型矿床1处，中型矿床1处，矿点8处。查明钛铁矿保有资源储量（矿物）为$162.03\times10^4$t，其中，官井钛铁矿砂矿床保有资源储量（矿物）为$135\times10^4$t，$FeO\cdot TiO_2$平均品位为21.69kg/m³，伴生钪资源量为121t，为特大型钪矿床。

#### 3.2.2.4 石膏矿床分布

石膏主要分布在合浦县星岛湖乡，北海市现已查明大型矿床1处，查明石膏矿保有矿石储量为$1.25\times10^8$t。

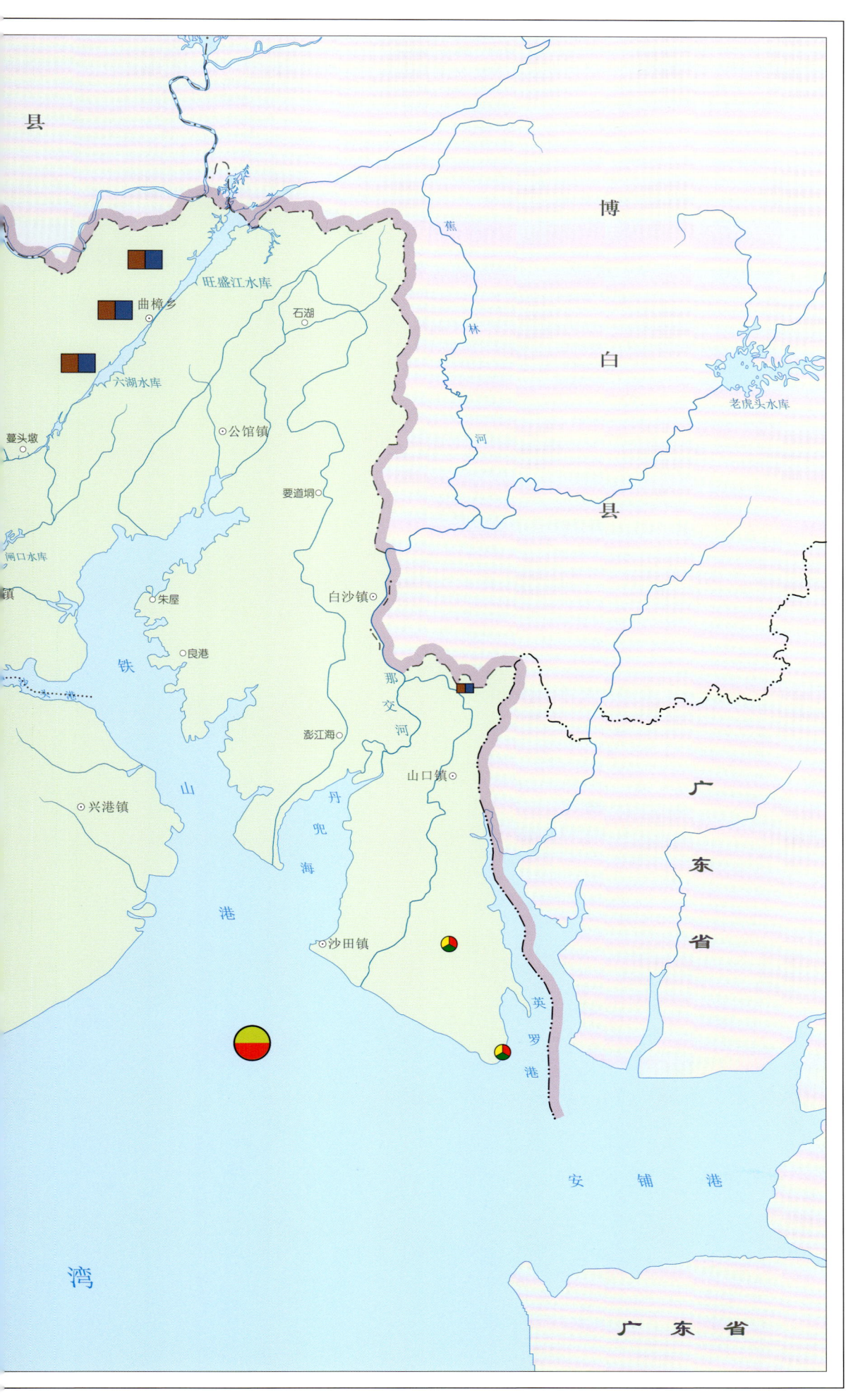

1∶300 000

## 3.3 北海市岸线类型及开发利用现状图

编制单位：中国地质调查局武汉地质调查中心、广西壮族自治区海洋地质调查院

自然生态岸线　风景旅游岸线　海水养殖岸线　城镇生活岸线　港口及临港产业岸线

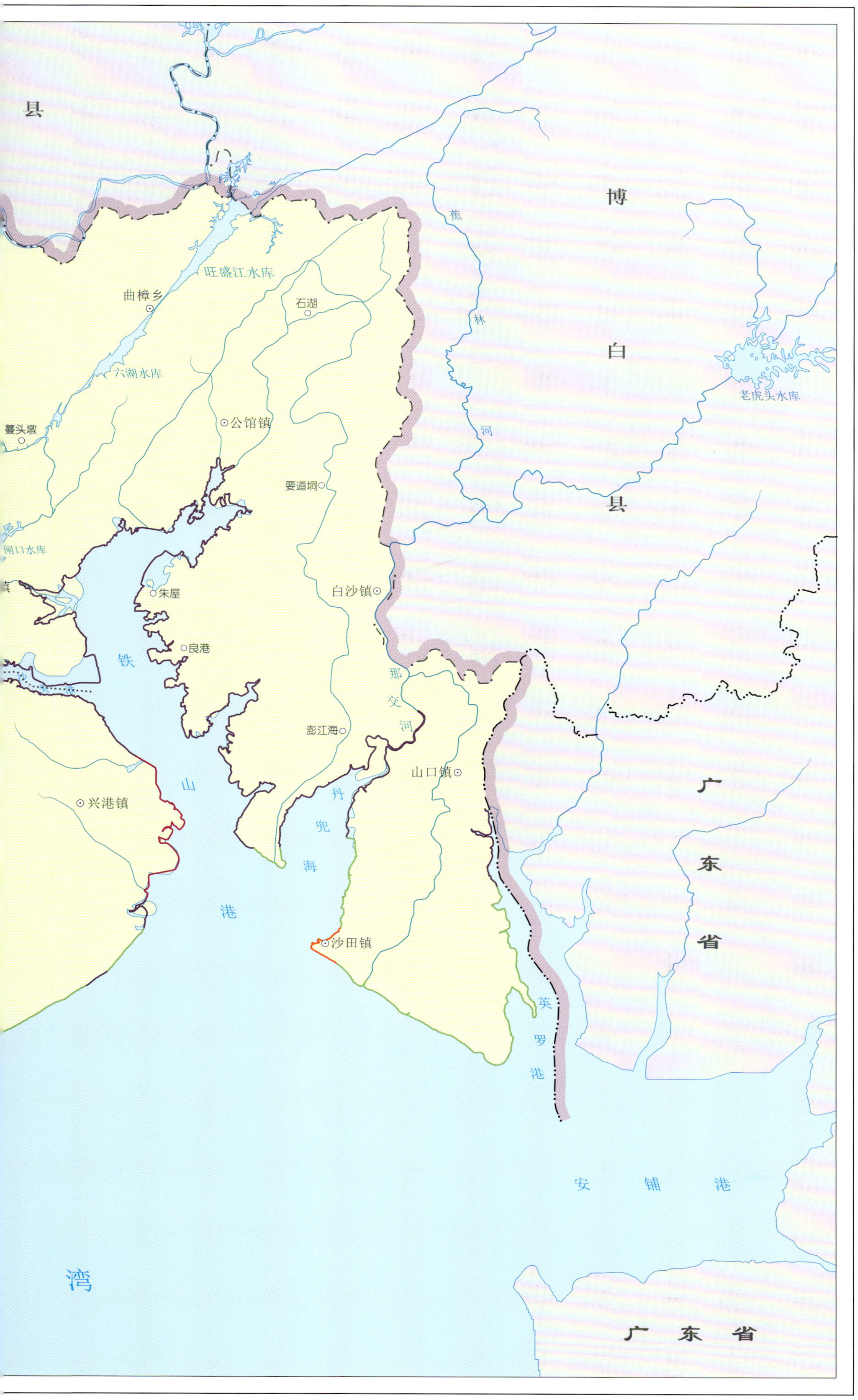

## 3 自然资源图

### 3.3.1 资料来源

资料来源于"广西北部湾人工改变海岸引发海岸带地质灾害等环境地质问题调查评价"项目。

### 3.3.2 图件说明

北海市岸线类型有自然生态岸线、风景旅游岸线、海水养殖岸线、城镇生活岸线、港口及临港产业岸线5类。岸线全长约758.17km,其中海水养殖岸线所占比例最大,占71.12%,其次是自然生态岸线,占15.13%。各类岸线长度见表1。

表1 北海市岸线类型统计表

| 岸线类型 | 长度(km) |
|---|---|
| 自然生态岸线 | 114.71 |
| 风景旅游岸线 | 31.81 |
| 海水养殖岸线 | 539.18 |
| 城镇生活岸线 | 39.26 |
| 港口及临港产业岸线 | 33.21 |
| 合计 | 758.17 |

1. 自然生态岸线

北海市自然生态岸线主要分布于大风江东海岸、营盘镇周边沿海岸线、沙田镇东南沿海岸线和英罗港西侧沿海岸线。

2. 风景旅游岸线

北海市风景旅游岸线主要分布于侨港镇—咸田镇沿海岸线,有银滩公园和滨海国家湿地公园等旅游景点。

3. 海水养殖岸线

北海市沿海村镇利用地理优势大力发展海水养殖业,以养殖对虾和螃蟹为主。海水养殖岸线总长约539.18km,主要分布于西场镇沿海岸线、南流江入海河口和西村港、白龙港及铁山港沿海岸线。

4. 城镇生活岸线

北海市沿海城镇生活岸线主要分布于北海市区的西北部沿海岸线和沙田镇西侧沿海岸线,是居民聚集生活的地方。

5. 港口及临港产业岸线

北海市的港口有高德渔港、海角港点、石步岭港区、南万渔港、侨港港点、咸田渔港和铁山港等,其中铁山港规模最大,港区可建1万～20万吨级泊位200个。

1:300 000

## 3.4 北海市旅游资源分布图

编制单位：中国地质调查局武汉地质调查中心、广西壮族自治区海洋地质调查院

☆ 地文景观　　💧 水域风光　　🌲 生物景观　　⛰ 景观建筑

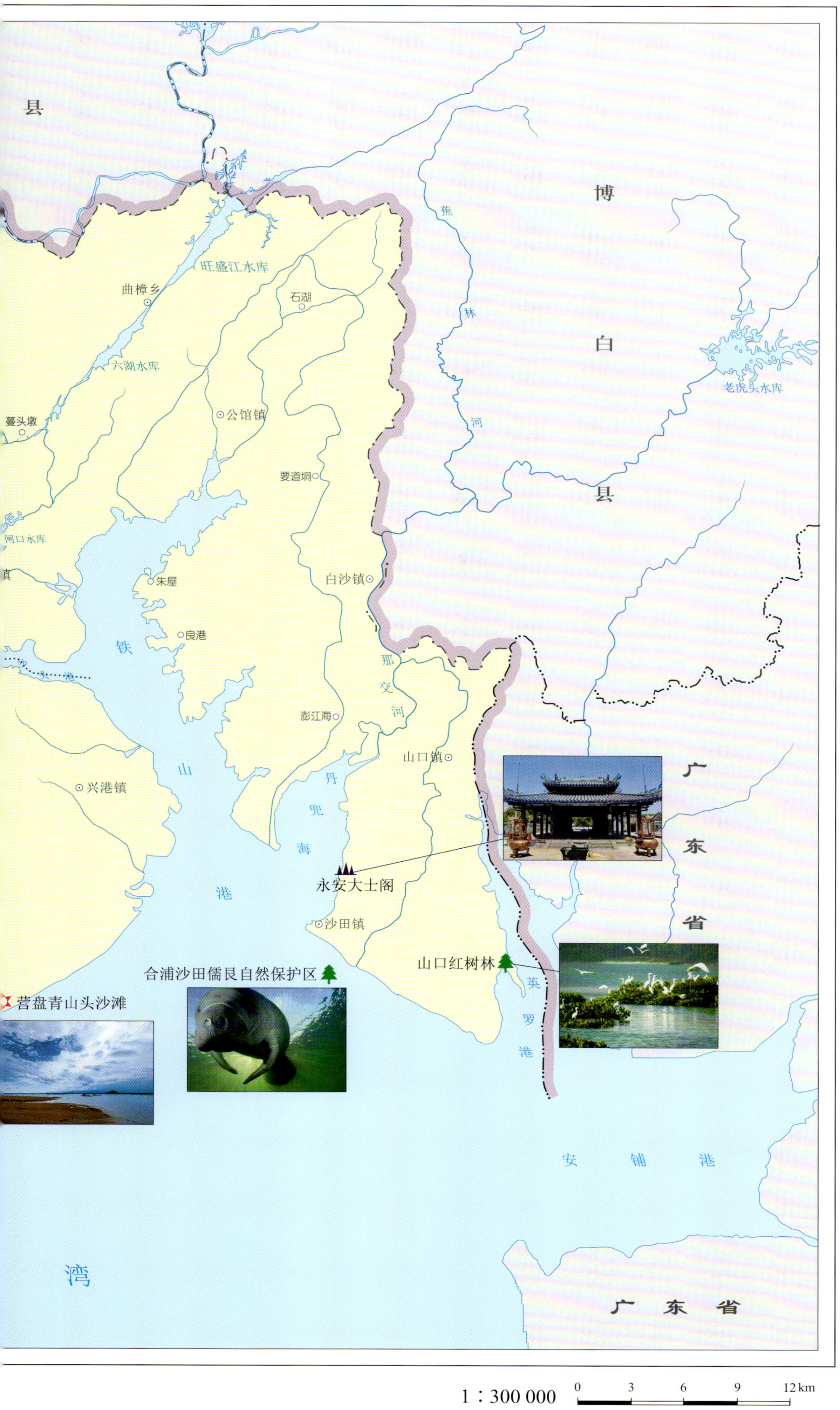

# 3 自然资源图

### 3.4.1 资料来源

资料来源于《广西壮族自治区海洋环境基本现状》。

### 3.4.2 图件说明

北海市旅游资源类型多样，各具特色。依据《旅游资源分类、调查与评价》（GB/T 18972—2003）及《滨海湿地旅游资源分类、调查与评价》（DB35/T 750—2007），结合北海市旅游资源的实际情况，北海市旅游资源可分为5个主类（景观类）、9个亚类（景观组）以及10个基本类（景观型），详见表1。

表1　北海市旅游资源分类表

| 景观类 | 景观组 | 景观型 | 旅游资源 |
|---|---|---|---|
| 地文景观 | 综合地文旅游地 | 沙滩砾石型海岸旅游地 | 银滩、侨港沙滩、营盘青山头沙滩 |
| | 岛礁 | 岛区 | 涠洲岛、斜阳岛 |
| 水域风光 | 天然湖泊与池沼 | 水库湖区区段 | 星岛湖旅游度假区 |
| 生物景观 | 树木 | 独树、丛树 | 冠头岭森林公园 |
| | | 红树林湿地 | 山口红树林、大冠沙红树林、廉州湾湿地红树林 |
| | 野生动物栖息地 | 水生动物、鸟类栖息地 | 合浦沙田儒艮自然保护区 |
| 景观建筑 | 单体场馆 | 主题公园 | 北海海洋公园、海洋之窗 |
| | 城址和军事工程 | 城（堡）垣 | 白龙珍珠城遗址 |
| | | | 永安大士阁 |
| | 归葬地 | 墓（群） | 合浦汉墓 |
| 旅游商品与购物场所 | 购物场所 | 特色街区、店铺 | 北海老街、侨港风情街 |

注："旅游商品与购物场所"景观类在图中采用"景观建筑"景观类图标标注。

## 3.5 北海市海洋功能区划图

编制单位：中国地质调查局武汉地质调查中心、广西壮族自治区海洋地质调查院

图例：农渔业区 | 港口航运区 | 工程建设用海区 | 矿产与能源区 | 旅游休闲娱乐区 | 海洋保护区 | 保留区

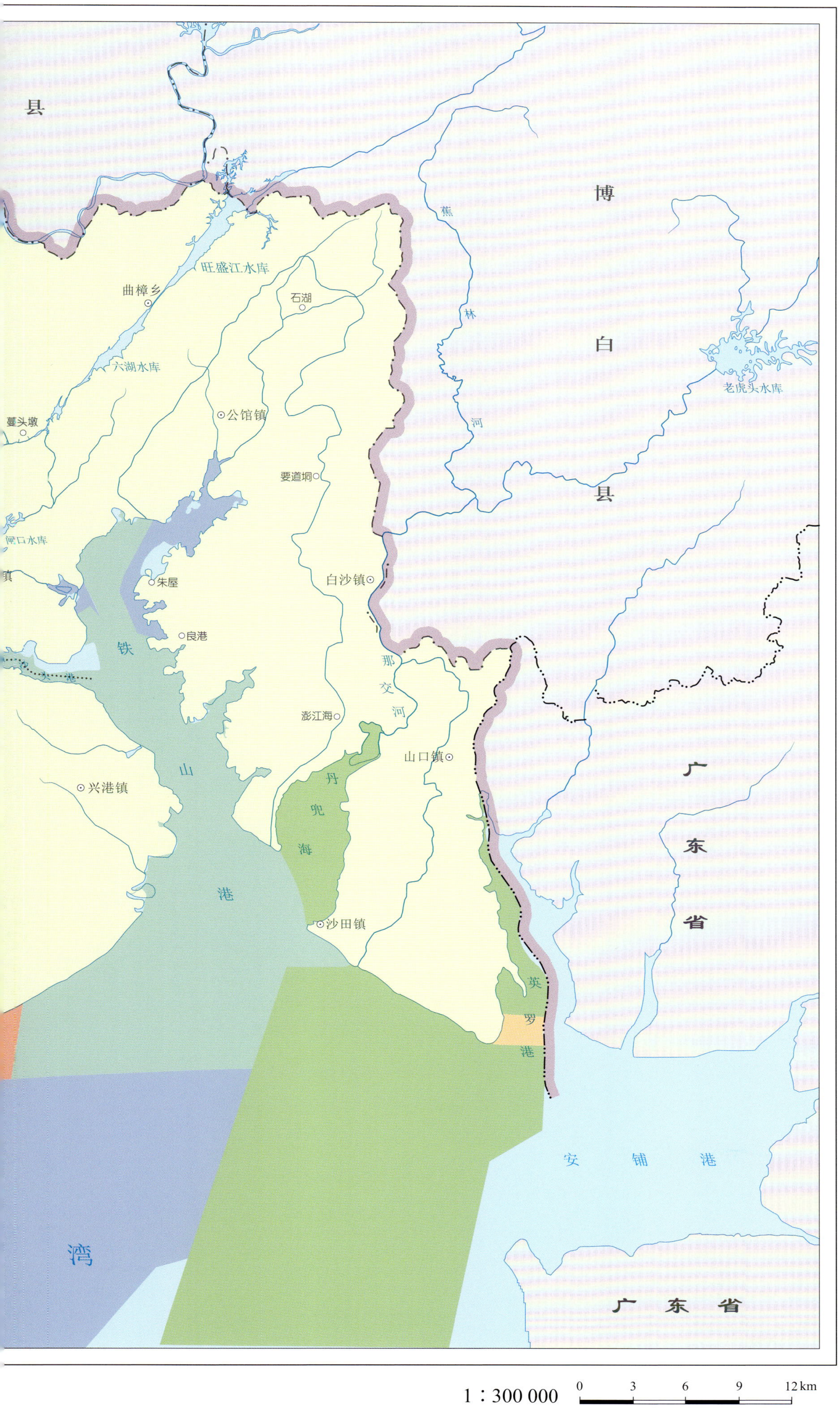

# 3 自然资源图

### 3.5.1 资料来源

资料主要来源于《广西海洋功能区划(2011—2020)》。

### 3.5.2 图件说明

本图主要反映北海市海洋功能区的类型及分布概况。

海洋功能区是基于不同区域的资源环境承载能力、现有开发强度和发展潜力等，将特定区域确定为特定功能定位类型的空间开发单元，根据不同区域的资源环境承载能力、现有开发强度和发展潜力，确定功能定位和不同类型的主体功能区。

北海市海洋功能区可分为7类，分别为农渔业区、港口航运区、工程建设用海区、矿产与能源区、旅游休闲娱乐区、海洋保护区以及保留区。

农渔业区：是指为开发利用和养护渔业资源、发展渔业生产需要划定的海域，面积约为1 827.3 km$^2$。

港口航运区：是指为满足船舶安全航行、停靠、进行装卸作业或避风所划定的海域，面积约为360.1 km$^2$。

工程建设用海区：是指为建设海岸、海洋工程需要划定的海域，面积约为43.9 km$^2$。

矿产与能源区：是指为勘探、开采矿产资源需要划定的海域，面积约为13.9 km$^2$。

旅游休闲娱乐区：是指为开发利用滨海和海上旅游资源发展旅游业需要划定的海域，面积约为183.1 km$^2$。

海洋保护区：是指为保护珍稀、濒危海洋生物物种、经济生物物种及栖息地，以及有重大科学、文化和景观价值的海洋自然景观、自然生态系统和历史遗迹需要划定的海域，面积约为440.4 km$^2$。

保留区：是指目前尚未开发利用，且在区划期限内也不能开发利用的海域，面积约为60.6 km$^2$。

1 : 300 000

## 3.6 北海市重大基础设施规划图

# 3 自然资源图

### 3.6.1 资料来源

资料来源于《北海市总体规划（2013—2030）》等，报告及图件由北海市规划局编制。

### 3.6.2 图件说明

图中表述的内容主要有：铁路、高速公路、国道、省道、机场、火车站、港口等重大基础设施规划。

北海市是构建面向东盟、服务我国西南和中南地区对外开放的战略支点以及衔接"21世纪海上丝绸之路"与"丝绸之路经济带"的重要门户，因此要将北海市建设成为"国际度假胜地、生态休闲智城、特色文化名城、开放宜居珠城"。

目前，北海市重大基础设施日益完善，其中铁路、高速公路、机场和港口均能连通全国及国外。

1. 已建成的交通运输设施

北海市交通运输以铁路、民航、公路、港口为基础连通全国，主要形成"北海站-福成机场-铁山港交通枢纽"，并有"21世纪海上丝绸之路"海运航线。

北海市内快速通道当前已有西南大道、银滩大道、南珠大道、北海大道、金海岸大道和迎宾大道等。高速公路有三北高速、玉铁高速、兰海高速；客运站有南珠客运站、和信客运站等；机场有福成机场；大型港口有铁山港等。

2. 规划的交通运输设施

规划的交通设施包括铁路、高速公路、国道、客运站及港口等。规划及已建的重大基础设施详见表1。

### 3.6.3 建议

抓住国家建设新丝绸之路的机遇，面向东盟，全面拓展国际贸易，产业投资和经济、文化交流。促进北海市在我国与东盟经济、文化交流中的综合运输枢纽作用，努力建成我国西南沿海的重要门户和对外开放新窗口。

表1 北海市规划及已建重大基础设施

| 路网类型 | 名称 | 备注 |
|---|---|---|
| 铁路 | 合湛铁路 | 规划 |
| | 沙三铁路支线 | 规划 |
| | 玉铁铁路 | 已建 |
| | 钦北铁路 | 已建 |
| 高速公路 | 兰海高速 | 已建 |
| | 玉铁高速 | 已建 |
| | 三北高速 | 已建 |
| 国道 | G325 | 已建 |
| | G209 | 规划 |
| | G241 | 规划 |
| | 北海—钦州公路 | 规划 |
| 省道 | S210（融水—合浦） | 规划 |
| | S513（桂平—铁山港） | 规划 |
| | 联络线19（涠洲岛环岛路） | 规划 |
| 港口 | 大风江港区 | 规划 |
| | 海角港点 | 已建 |
| | 石步岭港区 | 已建 |
| | 侨港港点 | 已建 |
| | 营盘中心渔港 | 已建 |
| | 铁山港港区（东、西港区） | 已建 |
| | 沙田港区 | 已建 |
| 客运站 | 合浦客运站 | 规划 |
| | 和信客运站 | 已建 |
| | 南珠客运站 | 已建 |
| | 银滩旅游客运站 | 规划 |
| | 铁山港客运站 | 规划 |

## 3.7 北海市海岸带围海造地变迁图

编制单位：中国地质调查局武汉地质调查中心、广西壮族自治区海洋地质调查院

- ■ 20世纪70年代—90年代围（填）海建设区
- ■ 20世纪90年代—21世纪00年代围（填）海建设区
- ■ 2000—2017年围（填）海建设区

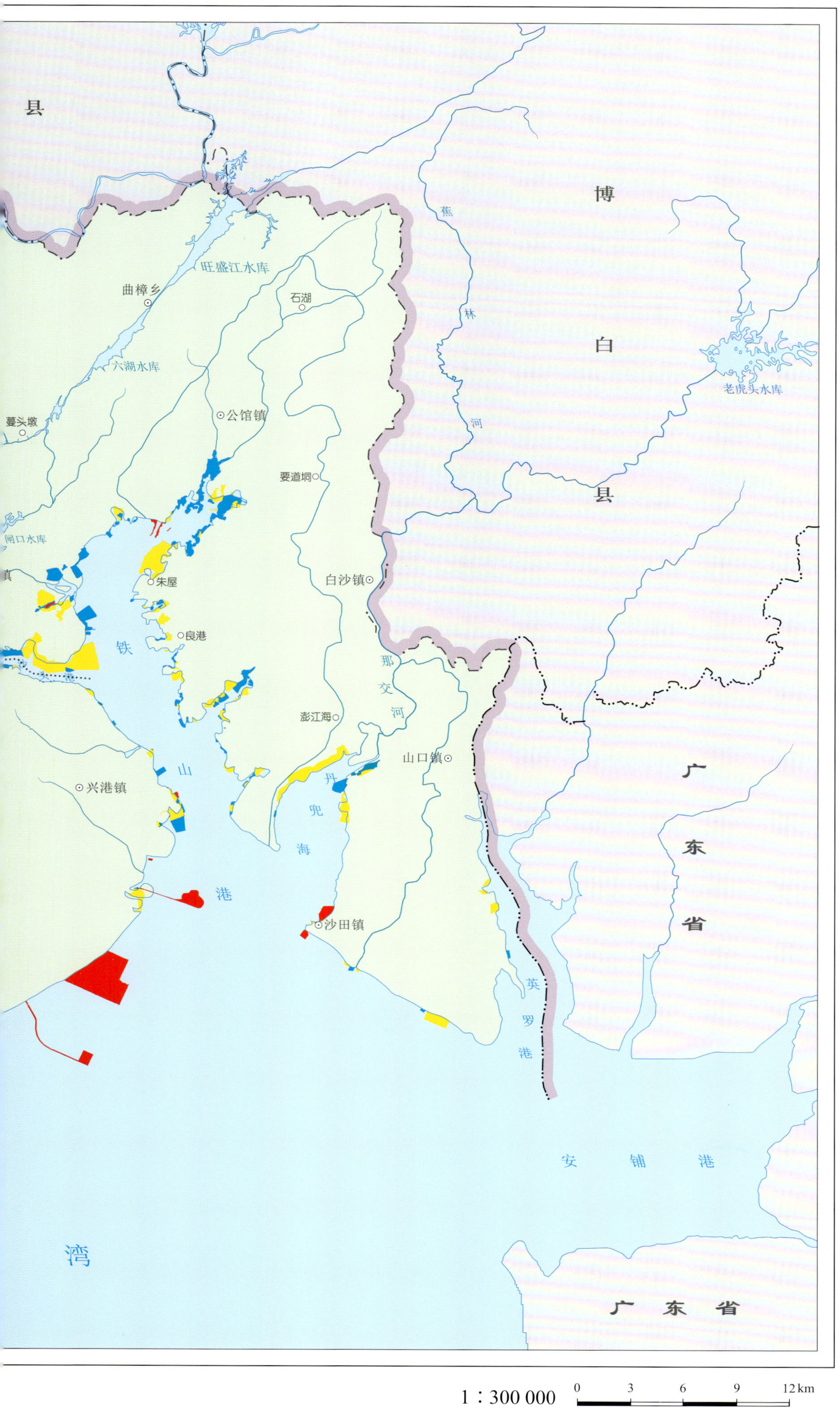

## 3 自然资源图

### 3.7.1 资料来源

资料来源于广西壮族自治区地质环境监测总站绘制的《广西北部湾海岸带环境地质遥感调查解译图》，以及收集到的最新遥感影像解译资料。

### 3.7.2 图件说明

北海市自20世纪70年代至今，围（填）海工程持续开展，先后建设面积达63.33 km$^2$，整个海岸带因此发生了较大的变化。其中，20世纪70年代—90年代围（填）海建设区面积为29.20 km$^2$，20世纪90年代—21世纪00年代围（填）海建设区面积为18.89 km$^2$，2000—2017年围（填）海建设区面积为15.24 km$^2$。

在20世纪，围（填）海建设还较缓慢，进入21世纪后，围（填）海建设加快。围（填）海工程建设的深水泊位码头为广西沿海经济的飞速发展提供了好的机会，也给海岸环境带来了严峻的挑战。大面积且快速的围（填）海建设对海域纳潮量、潮流场、海水水质、海洋沉积物、海洋生态等均有影响。

北海的铁山港港口区以及廉州湾、营盘工业与城镇建设区等均将较大面积地由陆地向海上推进，这对纳潮量也将产生不容忽视的影响。

围（填）海建设将导致临近海区水动力条件环境发生变化，影响海域的水交换能力。水交换对受到污染的生态系统的恢复有非常重要的影响，同时造成进出海湾的潮流流速减小、海湾污染物的水体降解能力（即水环境容量下降），以及由水动力变化而引起的海床滩槽地形的冲淤变化等也会给海洋生态、泥沙冲淤环境等造成影响。

围（填）海建设对海水水质环境的影响主要分为两个时段，一为施工期，另一为营运期。施工期对海水水质的影响主要为围（填）海施工产生的悬浮物，悬浮泥沙在海洋水动力的作用下扩散、输运和沉降形成悬浮物浓度场均会对水质环境产生影响，但这种影响会随着施工结束逐渐消失；营运期对海水水质的影响则较为复杂，城镇建设项目会产生大量的生活污水，工业建设项目会产生工业废水，港口建设项目则易产生堆场堆存煤或矿石时的渗滤液、含油污水及码头面冲洗污水等。

在围（填）海施工期间，局部水域悬浮物含量较高，对底栖生物及幼体将产生显著的负面影响，还会永久性占用海域。填埋工程区的浅海、滩涂破坏造成底栖生物和潮间带生物直接损失，同时破坏鸟类、鱼类和底栖动物的繁殖场所，导致生物种类多样性的下降。另外填海还会改变区域的潮流运动特性，引起泥沙冲淤和污染物迁移规律的变化，从而间接地影响生物栖息地的环境质量，使生境间接受损。此外，围（填）海后潮位的改变还会造成潮间带面积和位置的变化，影响岩岸、沙滩、盐沼泥滩和红树林的暴露程度与暴露时间，进而影响潮间带动植物群落的分布，导致原有生物群落结构的破坏和物种的减少。

1 : 300 000

## 3.8 北海市海岸侵蚀淤积现状分布图

编制单位：中国地质调查局武汉地质调查中心、广西壮族自治区海洋地质调查院

图例：侵蚀海岸　淤积海岸　人工海岸　稳定海岸

## 3 自然资源图

### 3.8.1 资料来源

资料主要来源于《广西北部湾人工改变海岸引发海岸带地质灾害等环境地质问题调查评价》。

### 3.8.2 图件说明

北海市海岸侵蚀具有分布范围广，分布分散，但规模小的特点。北海市侵蚀海岸总长27.10km。侵蚀海岸类型主要为砂质海岸，个别基岩海岸也发生侵蚀现象，主要侵蚀海岸分布如表1所示。

北海市海岸淤积主要发生在港湾的内湾以及大型河流三角洲沿海一带。英罗港内湾沿岸、铁山港内湾沿岸、丹兜海内湾沿岸、营盘港内湾沿岸以及南流江三角洲一带沿岸都发生了不同程度的海岸淤积。

表1 北海市侵蚀海岸分布一览表

| 编号 | 侵蚀海岸位置 | 侵蚀长度（km） |
| --- | --- | --- |
| 1 | 北海市冠头岭北 | 0.85 |
| 2 | 北海市白虎头南 | 1.03 |
| 3 | 营盘镇杨富村南 | 4.17 |
| 4 | 营盘镇石牛岭南 | 2.88 |
| 5 | 营盘镇彬塘村南 | 2.76 |
| 6 | 白沙镇沙尾村 | 1.80 |
| 7 | 山口镇耙棚村南 | 2.23 |
| 8 | 山口镇耙下肖村南 | 1.06 |
| 9 | 山口镇耙石乐埠南 | 1.07 |
| 10 | 山口镇耙彬雅东 | 2.94 |

1:300 000

## 3.9 北海市海岸带工程地质适宜性分区图

编制单位：中国地质调查局武汉地质调查中心、广西壮族自治区海洋地质调查院

**工程地质适宜性分区**

- 适宜区
- 基本适宜区
- 适宜性差区

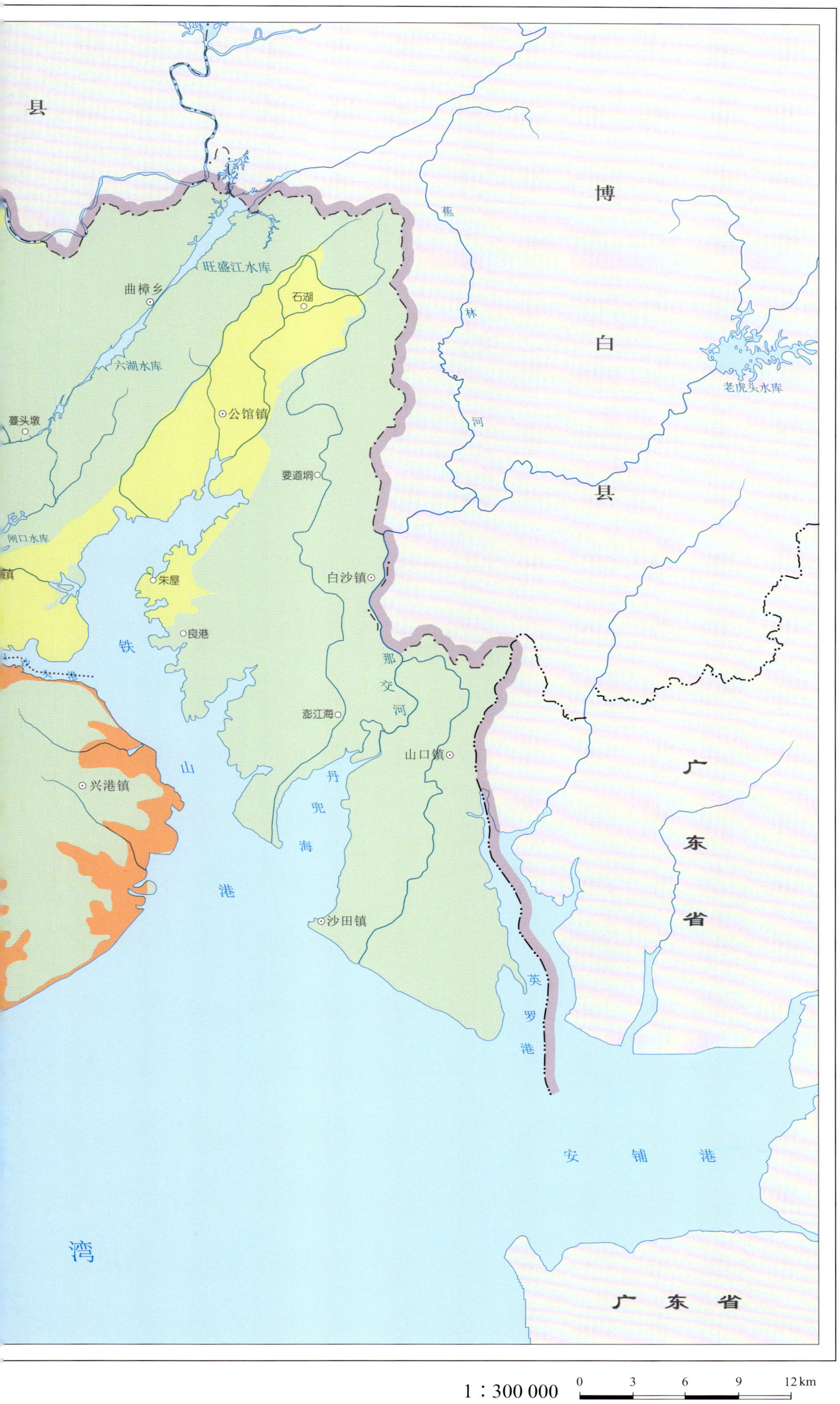

### 3.9.1 资料来源

海岸带区域以《海岸带工程地质适宜性分区图（1∶50万）》为基础，根据收集的资料进行编图。陆域资料主要采用《广西北部湾生态环境地质调查报告》《北部湾广西近岸海洋地质环境与地质灾害调查报告》和《海岸带工程地质适宜性分区图（1∶50万）》。

### 3.9.2 图件说明

北海市海岸带工程地质适宜性分为适宜性差区、基本适宜区和适宜区。其中，大部分陆地区域为工程地质适宜区，面积约为2 827.1km²。河道及周围附近、三角洲、海岸附近等区域为工程地质适宜性差区，面积约为156.3km²。南流江两岸、闸口至公馆一带的岩溶低洼区为工程地质基本适宜区，面积约为364.5km²。

## 3.10 北海市海岸带岸线保护与修复建议图

编制单位：中国地质调查局武汉地质调查中心、广西壮族自治区海洋地质调查院

防侵蚀岸线　　防淤积岸线　　需修复岸线

## 3 自然资源图

### 3.10.1 资料来源

资料主要来源于《广西北部湾人工改变海岸引发海岸带地质灾害等环境地质问题调查评价》，主要根据岸线类型进行保护和修复建议绘图。

### 3.10.2 图件说明

北海市海岸带岸线类型种类较多，港湾处岸线多数处于淤积状态，需要进行防淤积保护（防淤积岸线）；突出区域多数处于侵蚀状态，需要进行防侵蚀保护（防侵蚀岸线）；部分人工岸线，需要进行修复（需修复岸线）。

侵蚀岸线长度约为27.1km，淤积岸线长度约为304.7km，人工岸线长度约为196.1km。

### 3.10.3 建议

（1）加强对北海市自然海岸的保护，合理规划开发利用，重点建设打造以度假、休闲、旅游、科普于一体的地质旅游区。

（2）加强对北海市人工海岸的保护，及时修复和添增人工岸线，保护岸线滩涂资源。

（3）对侵蚀、淤积岸线加强人工动态监测，及时根据监测情况进行有效的人工干预，保护岸线资源。

1:300 000

# 4 基础地质支撑条件图

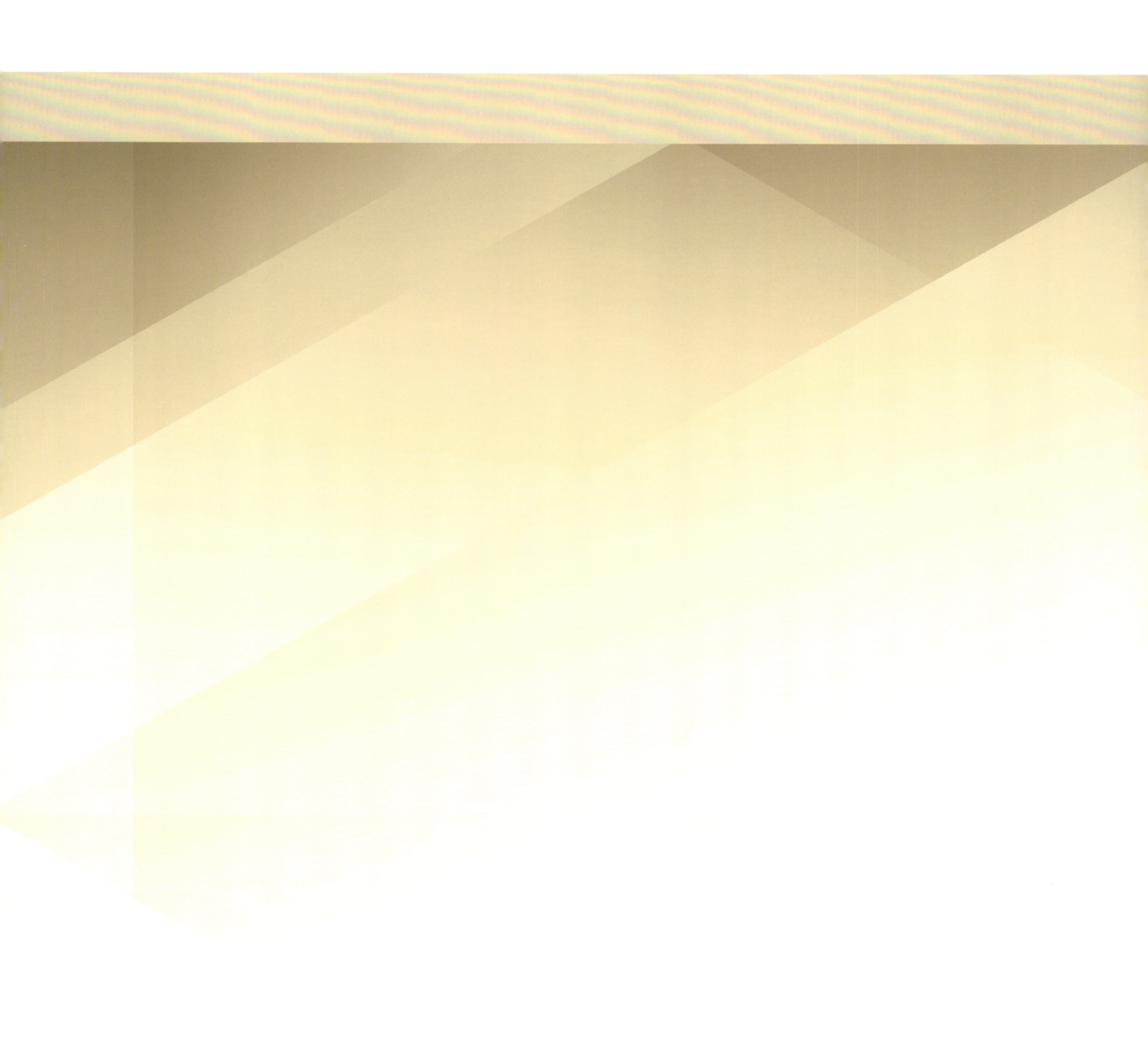

## 4.1 北海市地貌分区图

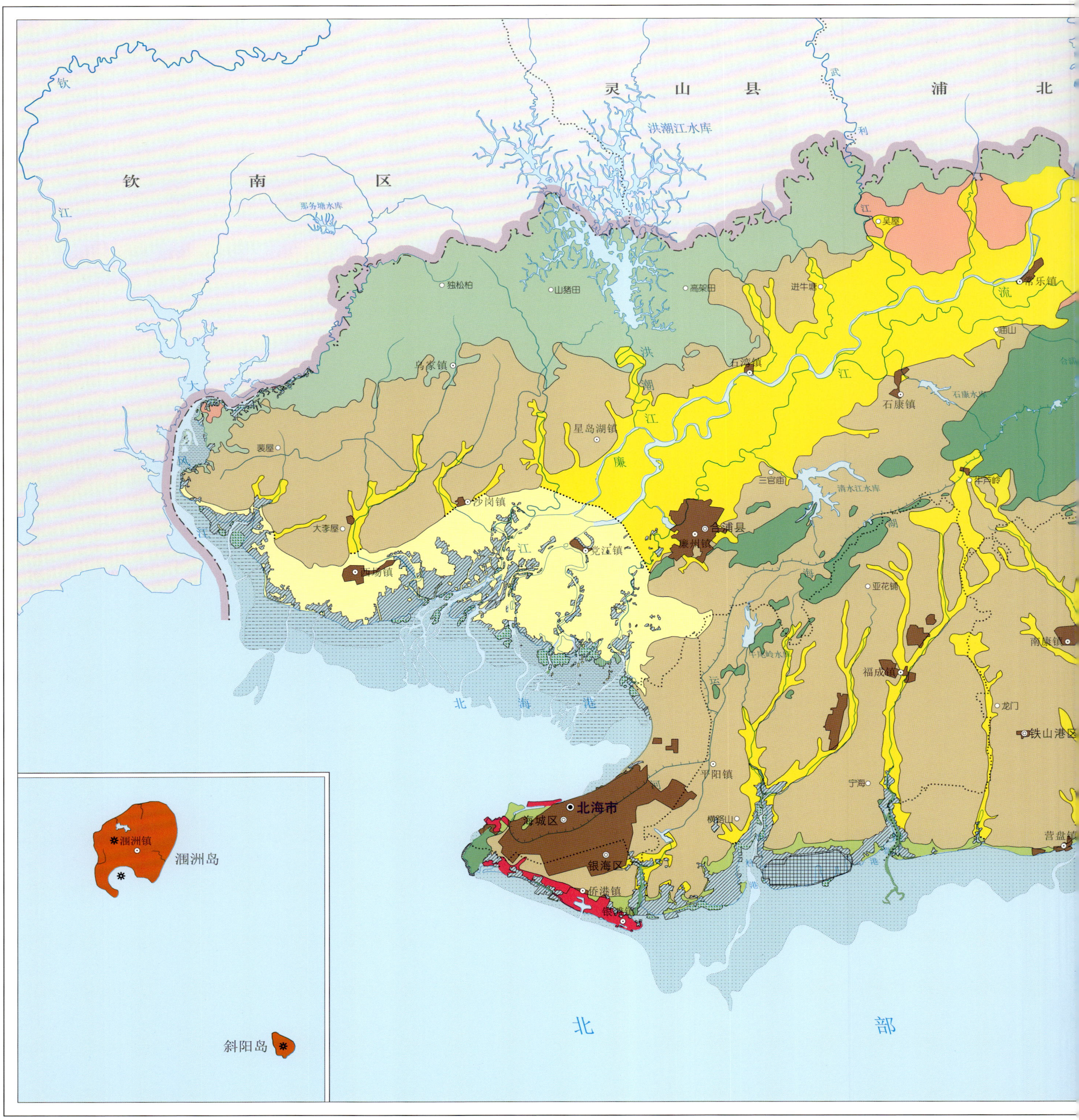

编制单位：中国地质调查局武汉地质调查中心、广西壮族自治区海洋地质调查院

图例：
- 北东向锯齿状垄岗丘陵区
- 东西向排列波状丘陵区
- 冲积平原
- 滨海平原台地
- 河成高阶地
- 火山锥及火山口
- 溶蚀洼地
- 三角洲平原
- 海积阶地
- 沙滩
- 泥沙滩
- 泥滩
- 岩滩
- 红树林潮滩
- 水草潮滩
- 围堤海水养殖区
- 盐田
- 人工填海区
- 居民地
- 实测地貌分区界线
- 推测地貌分区界线

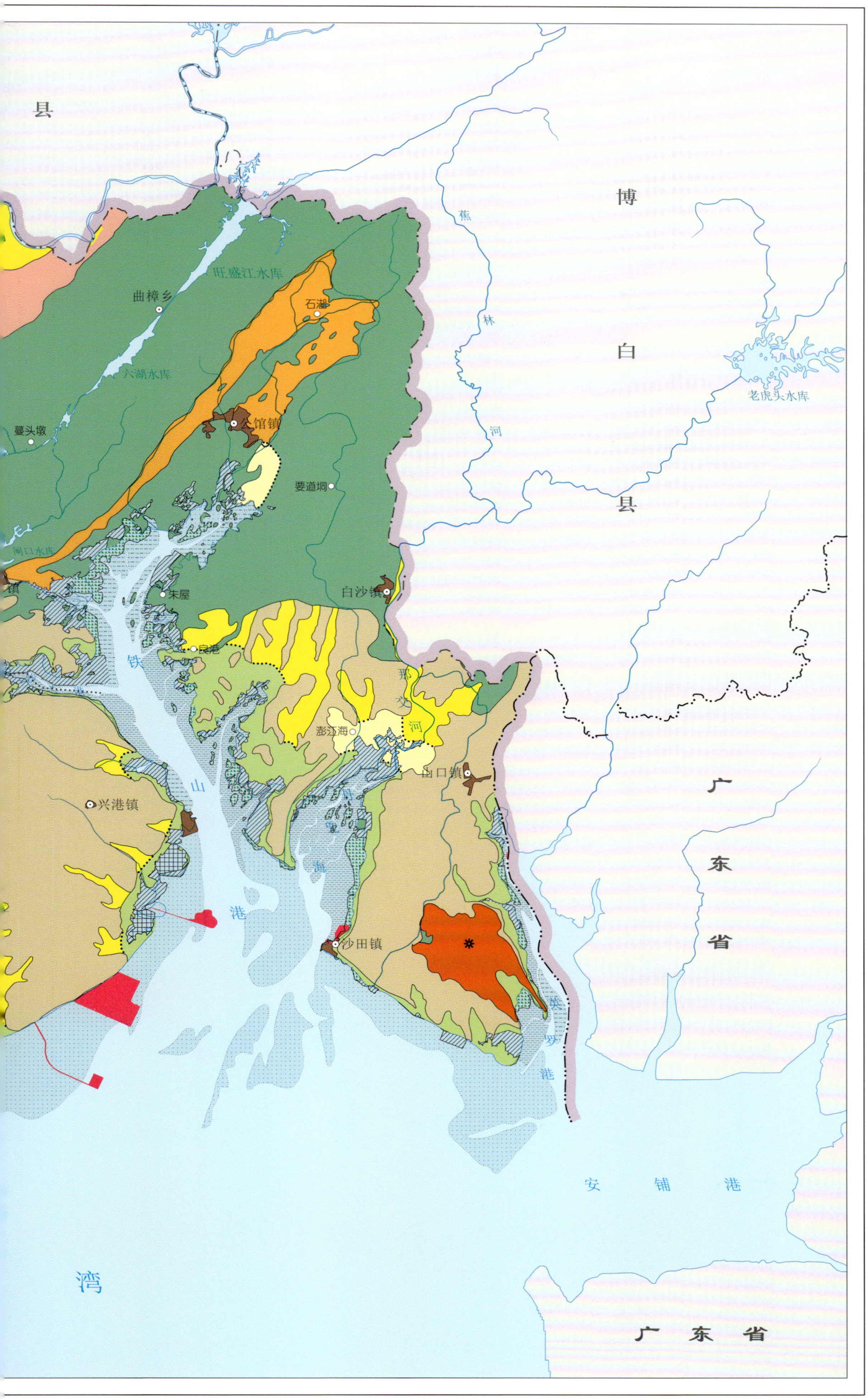

# 4 基础地质支撑条件图

### 4.1.1 资料来源

资料来源于"广西重点规划区海岸带综合地质调查与监测"项目的《广西海岸带地貌图》。

### 4.1.2 图件说明

北海市地貌明显受构造的控制，尤其受钦防、灵山、合浦-博白北东向压扭性断裂带及伴生的次一级北西向张扭性断裂构造的严格控制。山势走向以北东-南西向最明显，常与海岸斜交或平行。

北海市陆上地貌类型有丘陵、冲积平原、滨海平原台地、河成高阶地、火山锥及火山口、溶蚀洼地、三角洲平原、海积阶地和人工地貌。其中，人工地貌有围堤海水养殖区、盐田、人工填海区等，海底地貌类型有潮滩和岩滩，其中潮滩有沙滩、泥滩、红树林潮滩与水草潮滩等。

北海市主要地貌类型具有如下特征。

丘陵区：分布于调查区东北及西北部地区，丘陵呈波状排列。该类型波状丘陵边坡一般呈凸形，坡肩以下坡度较陡，坡肩以上坡度较缓，丘顶呈浑圆状，波状丘陵总的长轴方向为北西-南东向，沿北东向较规则有序排列。

冲积平原：主要分布于南流江、西村港、营盘港和南康江等沿河流域，其中在南流江两岸大范围分布，其余地区呈枝杈状分布。

滨海平原台地：主要分布于北海市南部地区。构成该类地貌的地层主要为中更新统北海组（$Qp^2b$）松散层。平原边缘分布着较明显的斜坡或陡坎，形成台地。区内河流及沟渠发育，多由北向南入海。

火山地貌：分布在涠洲岛、斜阳岛和烟墩岭地区。其中，涠洲岛为中国地质年龄最年轻的火山岛，也是广西最大的海岛。岛形近似于圆形，东西宽约为6km，南北长约为6.5km。岛内为玄武岩台地，地表微微起伏，覆盖着一层厚厚的紫红色玄武岩风化物。

三角洲平原：分布于海岸河口，最大的是南流江三角洲平原。三角洲平原地表平坦，坡度小于1‰。在大的三角洲平原上，河网、沟渠密布，河床宽数十米至千余米，潮流沿河上朔最大达数十千米。这些河床普遍发育边滩、心滩及沙岛，它们的规模大小不等，如其中的沙岛大者长达2~3km，宽1~2km，小者长及宽多为几十米至数百米。根据三角洲沉积物的测年数值，其形成年代为中—晚全新世（$Qh^{2-3}$）。

潮滩：沿海岸呈带状分布，一般长为1~2km，最窄0.1~0.3km，最宽可达3~5km。潮滩的特点是经常受波浪和进退潮水作用，形成一定的斜度，向海倾斜，潮滩坡降为0.3‰~1.0‰，比较平坦开阔。潮滩受入海河流、沿岸流、近海潮流及波浪作用的影响，沉积物的粒度从低潮滩向高潮滩逐渐变细，泥质含量逐渐增多，分选性差。按物质组成的差异又可将潮滩划分为7类，即砾石滩、泥滩、沙滩、泥沙滩、岩滩、水草潮滩及红树林潮滩。

1 : 300 000

## 4.2 北海市区域地质图

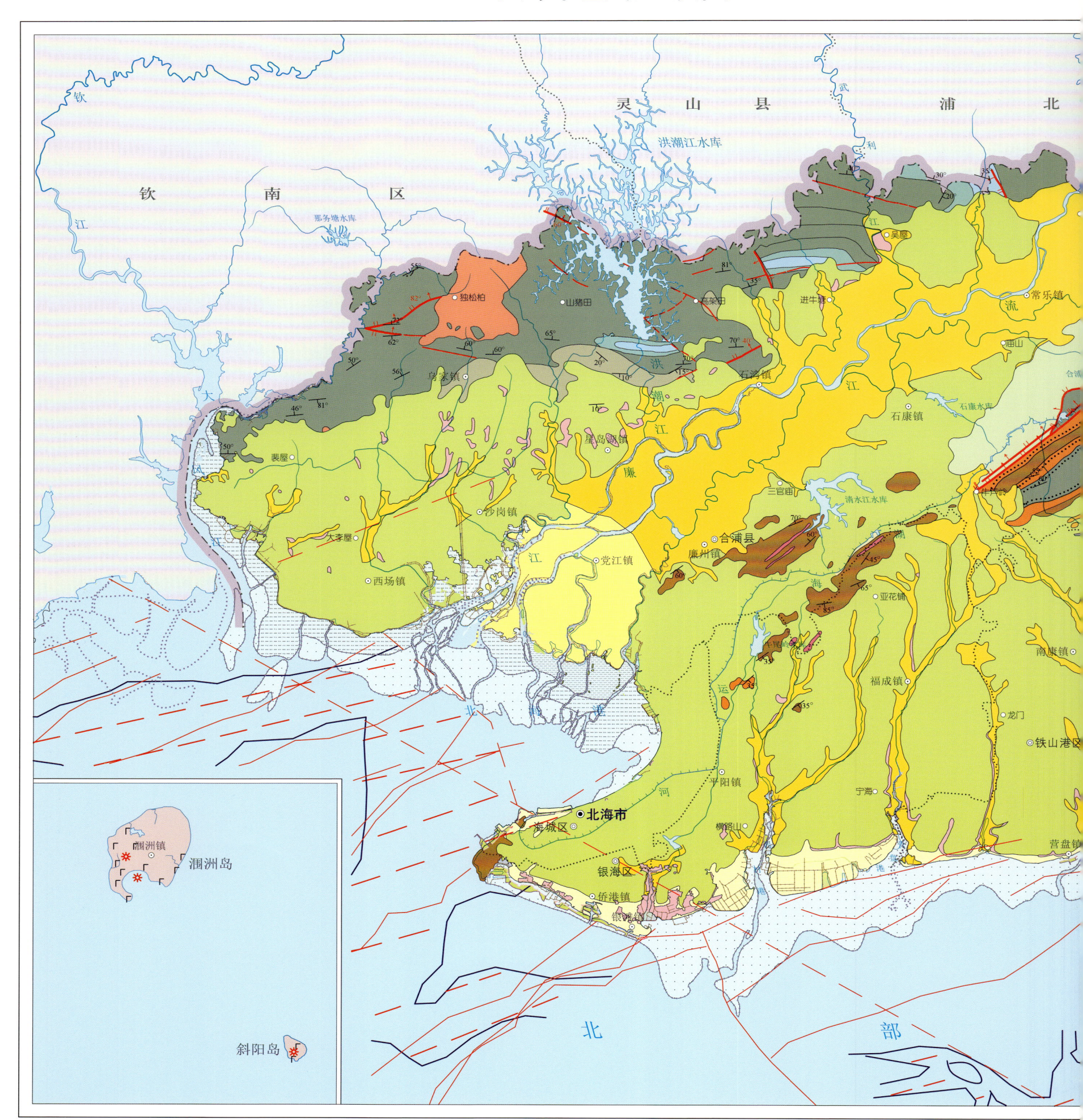

编制单位：中国地质调查局武汉地质调查中心、广西壮族自治区海洋地质调查院

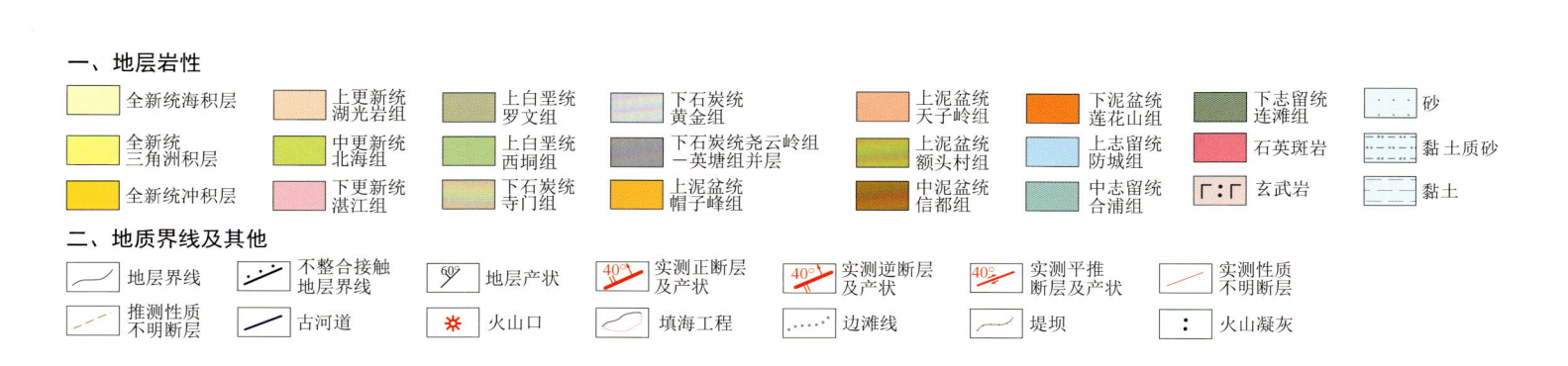

一、地层岩性

| | | | |
|---|---|---|---|
| 全新统海积层 | 上更新统湖光岩组 | 上白垩统罗文组 | 下石炭统黄金组 | 下石炭统天子岭组 | 下泥盆统莲花山组 | 下志留统连滩组 | 砂 |
| 全新统三角洲积层 | 中更新统北海组 | 上白垩统西桐组 | 下石炭统尧云岭组－英塘组并层 | 上泥盆统额头村组 | 上志留统防城组 | 石英斑岩 | 黏土质砂 |
| 全新统冲积层 | 下更新统湛江组 | | 下石炭统寺门组 | 上泥盆统帽子峰组 | 中泥盆统信都组 | 中志留统合浦组 | 玄武岩 | 黏土 |

二、地质界线及其他

地层界线；不整合接触地层界线；地层产状；实测正断层及产状；实测逆断层及产状；实测平推断层及产状；实测性质不明断层；推测性质不明断层；古河道；火山口；填海工程；边滩线；堤坝；火山凝灰

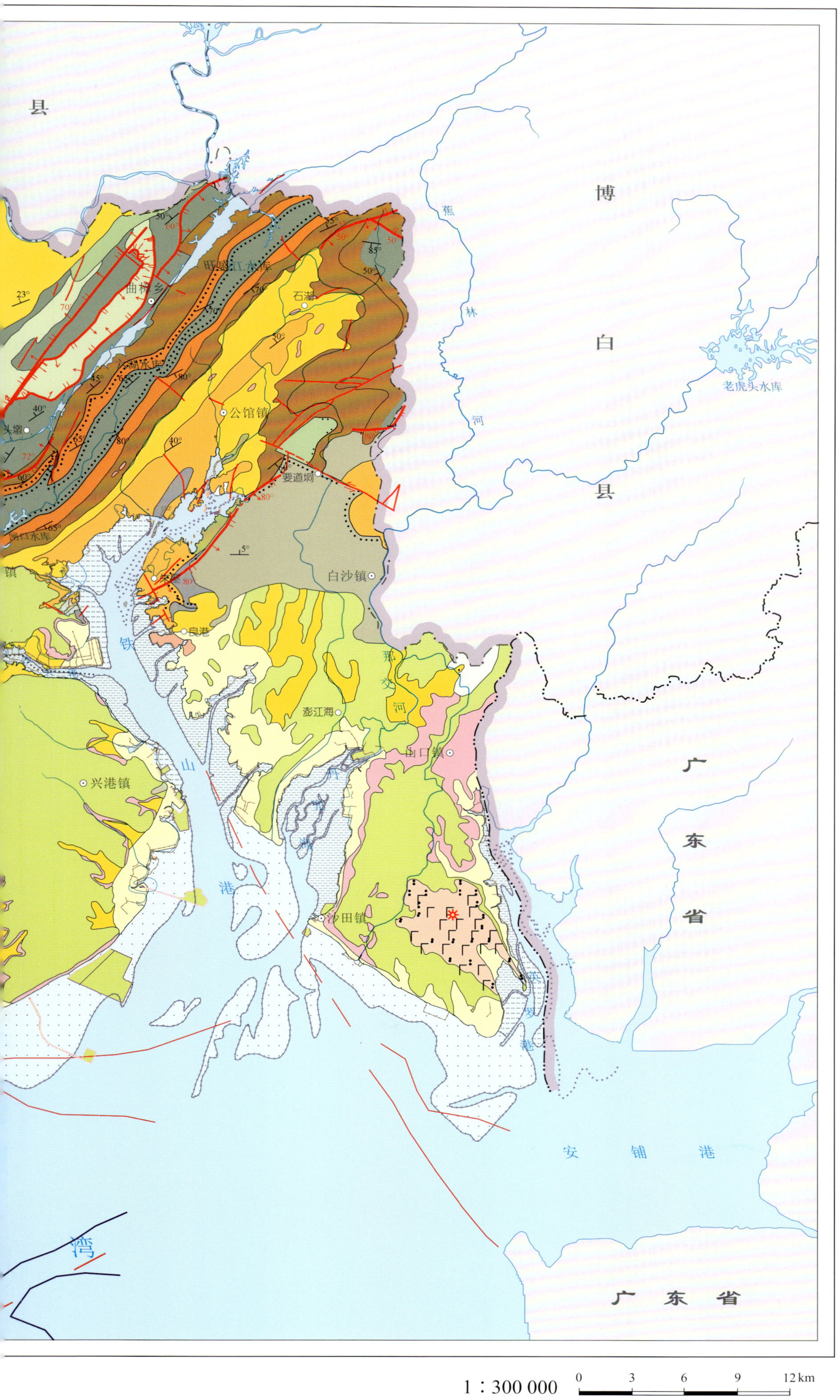

## 4 基础地质支撑条件图

### 4.2.1 资料来源

资料主要来源于《广西北部湾生态环境地质调查第四纪地质图》《广西北部湾地质灾害分布图》《广西北部湾活动断裂带及地震区分布图》《北海矿产资源分布图》及《广西1∶50万数字地质图》。

### 4.2.2 图件说明

北海市主要地层及岩性特征见表1，其中新近系南康组和古近系邕宁组不出露地表。

表1　北海市主要地层及岩性特征表

| 代号 | 厚度（m） | 岩性特征 |
|---|---|---|
| 全新统人工填土（$Qh^s$） | 0～5 | 砂、黏土质砂、碎石、块石、黏土等 |
| 全新统海积层（$Qh^m$） | 0.5～30 | 灰黑色淤泥、淤泥质砂、黑色泥炭、砂质黏土、灰白色、黄色粉—细砂、中砂、粗砂、砾砂 |
| 全新统三角洲积层（$Qh^{mal}$） | 0.2～42.5 | 黑色淤泥、淤泥质砂、黄褐色、青灰色粉砂质黏土、黏土质砂、砂质黏土、灰白色、黄色粉—细砂、含砾中—粗砂 |
| 全新统冲积层（$Qh^{al}$） | 0.8～26.5 | 灰黑色、黄褐色黏土、黏土质砂、砂质黏土、黑色泥炭、灰白色、黄色不等粒砂、砾砂、卵砾石 |
| 上更新统湖光岩组（$Qp_3^h$） | 24～117 | 顶部为火山灰，上部为玄武质凝灰岩、橄榄玄武岩，中部为玄武质凝灰岩、橄榄玄武岩，下部为玄武质火山角砾岩 |
| 中更新统北海组（$Qp_2^b$） | 1.0～18.91 | 上部以棕黄色、棕红色、黄色黏土质砂为主，砂质黏土次之，局部为粉质黏土；下部为黄色、灰白色、黄褐色黏土质砾砂、粗砂、砾砂，富含铁质局部见姜状铁质结核、条带或铁盘，偶见黑色玻璃陨石 |
| 下更新统湛江组（$Qp_1^z$） | 8.1～60.00 | 顶部为灰白色、淡黄色、紫红色相杂，呈花斑状的黏土和砂质黏土，局部见铁质薄壳；上部为灰黄色、灰白色黏土质砂、砂；下部为灰白色、浅红色砾砂及砂夹黏土质砂、粉砂及黏土 |
| 新近系南康组（$Nn$） | 300～1400 | 灰绿色、灰白色黏土岩、砂岩、粉砂岩、砂砾岩夹数层褐煤及油页岩，仅分布于铁山港区（南康镇）—山口镇一带 |
| 古近系邕宁组（$Ey$） | 339～1819 | 上部为灰白—浅黄色细砂岩、粉砂岩、钙质泥岩夹碳质泥岩、褐煤层及膨润土，夹泥灰岩、含磷泥岩及菱铁矿层；下部为厚度不等的紫红色厚层块状砾岩、砂质砾岩、含砾砂岩、含铁砂岩 |
| 上白垩统罗文组（$K_2l$） | 339～1819 | 紫红色砾岩、砾状砂岩、长石石英砂岩、粉砂岩、泥岩互层或互为夹层 |
| 上白垩统西垌组（$K_2x$） | 108～738 | 灰绿色凝灰质砾岩、凝灰质角砾岩、凝灰岩、凝灰熔岩、石英斑岩、霏细斑岩等 |
| 下石炭统寺门组（$C_1s$） | 38～460 | 为一套灰黑色薄层页岩、碳质页岩夹硅质页岩、泥灰岩、粉砂质页岩、石英砂岩夹煤层 |
| 下石炭统黄金组（$C_1h$） | 140～1103 | 灰—深灰色中厚层状细晶、粉晶生物碎屑灰岩，夹泥灰岩、泥岩及少量砂岩、硅质灰岩 |
| 下石炭统尧云岭组—英塘组并层（$C_1y—yt$） | 203～1251 | 尧云岭组岩性为灰—灰黑色灰岩、泥质灰岩、生物碎屑灰岩组合；英塘组岩性为黄灰—灰黑色泥岩、砂岩、泥灰岩、硅质灰岩，与下伏尧云岭组多为平行不整合接触 |
| 上泥盆统帽子峰组（$D_3m$） | 63～167 | 灰绿色、橘红色细砂岩、粉砂岩、页岩，夹少量泥灰岩、白云质灰岩 |
| 上泥盆统天子岭组（$D_3t$） | 226～413 | 灰黑色厚层状微晶灰岩及中薄层泥质条带灰岩、生物屑灰岩夹少量页岩 |
| 上泥盆统额头村组（$D_3e$） | 65～274 | 灰—深灰色中厚层状灰岩夹泥质灰岩、生物屑灰岩、白云质灰岩、核型石灰岩等 |
| 中泥盆统信都组（$D_2x$） | 10～865 | 以灰白—浅紫红色中厚层状细砂岩、粉砂岩、泥质粉砂岩为主，夹页岩、砂质页岩、白云质灰岩，局部夹1~3层赤铁矿层 |
| 下泥盆统莲花山组（$D_1l$） | 13～1296 | 紫红色、灰白色厚层状砾岩、含砾砂岩、杂砂岩、粉砂岩、含砾砂泥岩等，下部砂砾岩具槽状、板状交错层理 |
| 上志留统防城组（$S_3f$） | 183～1593 | 岩性为黑色，风化后为浅紫红色、灰白色页岩、粉砂质页岩与中薄层细砂岩互层，底部以一层中层状细砂岩与下伏合浦组整合接触 |
| 中志留统合浦组（$S_2h$） | 120～800 | 底部以石英砂岩为标志与下伏连滩组页岩夹泥灰岩分界，向上为泥质粉砂岩、粉砂质页岩与页岩互层，夹石英砂岩、碳质页岩 |
| 下志留统连滩组（$S_1l$） | >5000 | 岩性为细砂岩、岩屑砂岩、粉砂岩与页岩互层，顶部夹泥页岩。第一段（$S_1l^1$）岩性为岩屑质不等粒砂岩、粉砂岩夹页岩；第二段（$S_1l^2$）下部为细砂岩，中上部为灰黑色条带状页岩、粉砂岩互层；第三段（$S_1l^3$）为灰黑色条带状页岩与岩屑质砂岩互层，上部夹泥灰岩 |

### 4.2.3 建议

本图可作为市政府规划工作基础参考图件，为相关工作展开及系列图件绘制提供基础资料。

## 4.3 北海市第四纪地质图

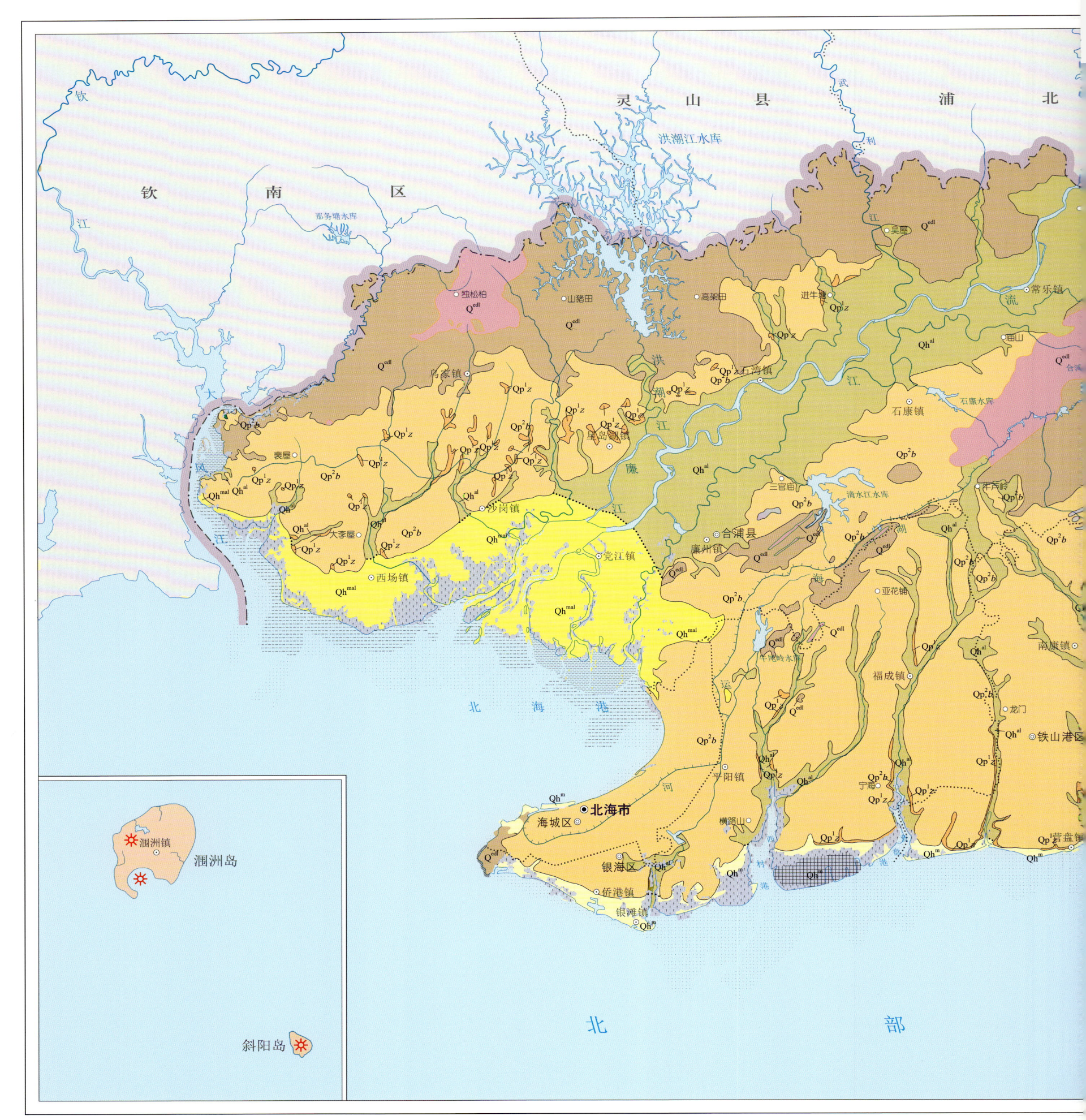

编制单位：中国地质调查局武汉地质调查中心、广西壮族自治区海洋地质调查院

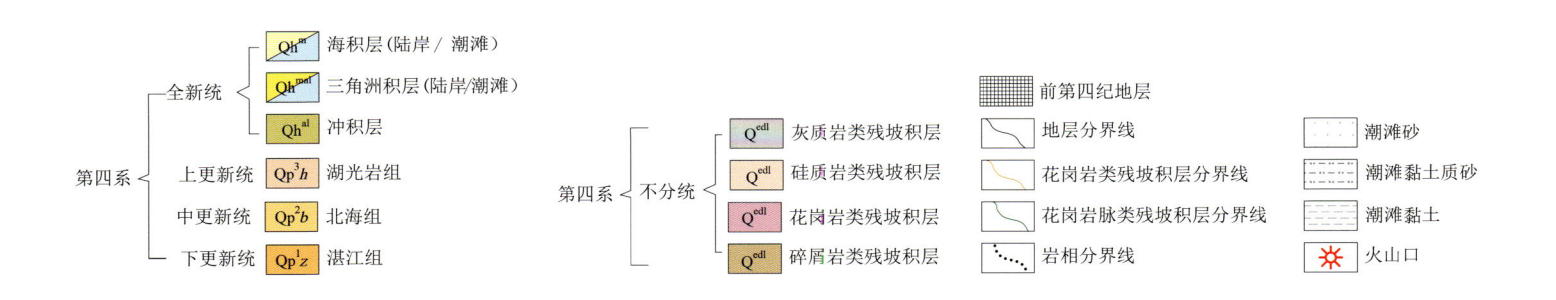

图例：

第四系
- 全新统
  - $Qh^m$ 海积层（陆岸/潮滩）
  - $Qh^{mcd}$ 三角洲积层（陆岸/潮滩）
  - $Qh^{al}$ 冲积层
- 上更新统
  - $Qp_3^h$ 湖光岩组
- 中更新统
  - $Qp_2^b$ 北海组
- 下更新统
  - $Qp_1^z$ 湛江组

第四系不分统
- $Q^{edl}$ 灰质岩类残坡积层
- $Q^{edl}$ 硅质岩类残坡积层
- $Q^{edl}$ 花岗岩类残坡积层
- $Q^{edl}$ 碎屑岩类残坡积层

- 前第四纪地层
- 地层分界线
- 花岗岩类残坡积层分界线
- 花岗岩脉类残坡积层分界线
- 岩相分界线
- 潮滩砂
- 潮滩黏土质砂
- 潮滩黏土
- ※ 火山口

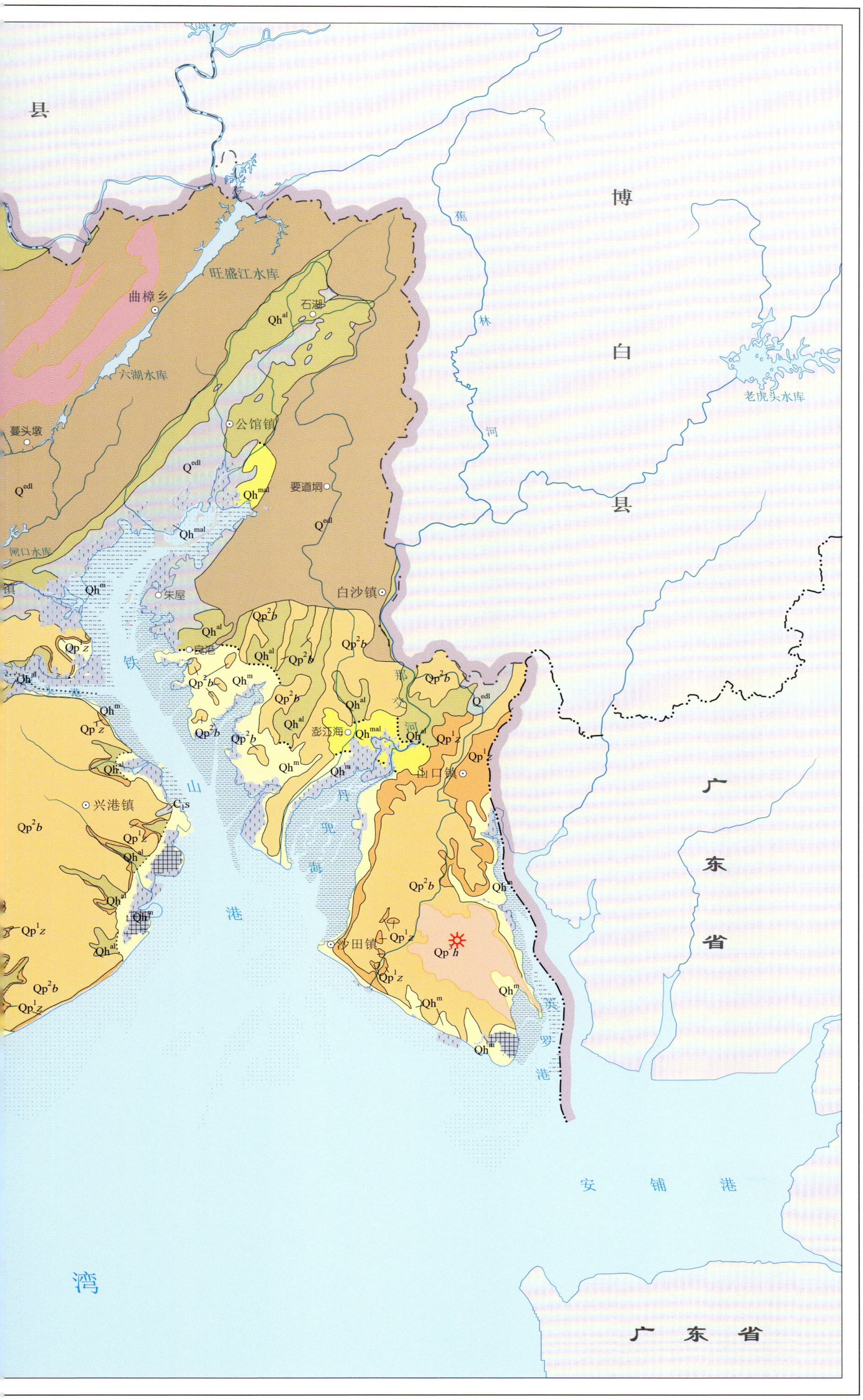

# 4 基础地质支撑条件图

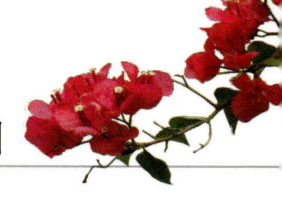

### 4.3.1 资料来源
资料来源于《广西北部湾生态环境地质调查第四纪地质图》。

### 4.3.2 图件说明
全新统分为海积层、三角洲积层、冲积层3层，海积层（$Qh^m$）主要分布在北海市市区到铁山港的海岸带区域；三角洲积层（$Qh^{mal}$）主要分布在北海市市区北部到西场段海岸带区域及党江镇周边；冲积层（$Qh^{al}$）主要分布在南流江流域、长乐镇、石湾镇、合浦县西北、公馆镇和石康镇西北及西南部。

上更新统湖光岩组（$Qp^3h$）主要分布在沙田镇东部区域。

中更新统北海组（$Qp^2b$）主要分布在北海市南部，其中包含石康镇东南部、闸口镇、合浦县东南部、福成镇、南康镇、兴港镇、北海市市区、铁山港区、白沙镇南部和山口镇南部。

下更新统湛江组（$Qp^1z$）主要零散分布在西场镇北部、砂岗镇北部和星岛湖乡北部。

灰质岩类残坡积层（$Q^{edl}$）主要分布在铁山港内港闸口镇至公馆镇至沙田镇沿海地带附近；硅质岩类残坡积层（$Q^{edl}$）主要分布在合浦县东部至福成镇西北部；花岗岩类残坡积层（$Q^{edl}$）主要分布在十字路乡至曲樟区域和乌家镇北部；碎屑岩类残坡积层（$Q^{edl}$）主要分布在北海市北部边界区域，主要是乌家镇、石湾镇、常乐镇北部、闸口镇北部、公馆镇西北部、曲樟和白沙镇周边。

### 4.3.3 建议
（1）调查第四纪海岸带海岸线。
（2）调查北海市周边大风江口、南流江口、铁山港口海积层、三角洲积层和冲积层的沉积变化及厚度。

1：300 000

## 4.4 北海市水文地质简图

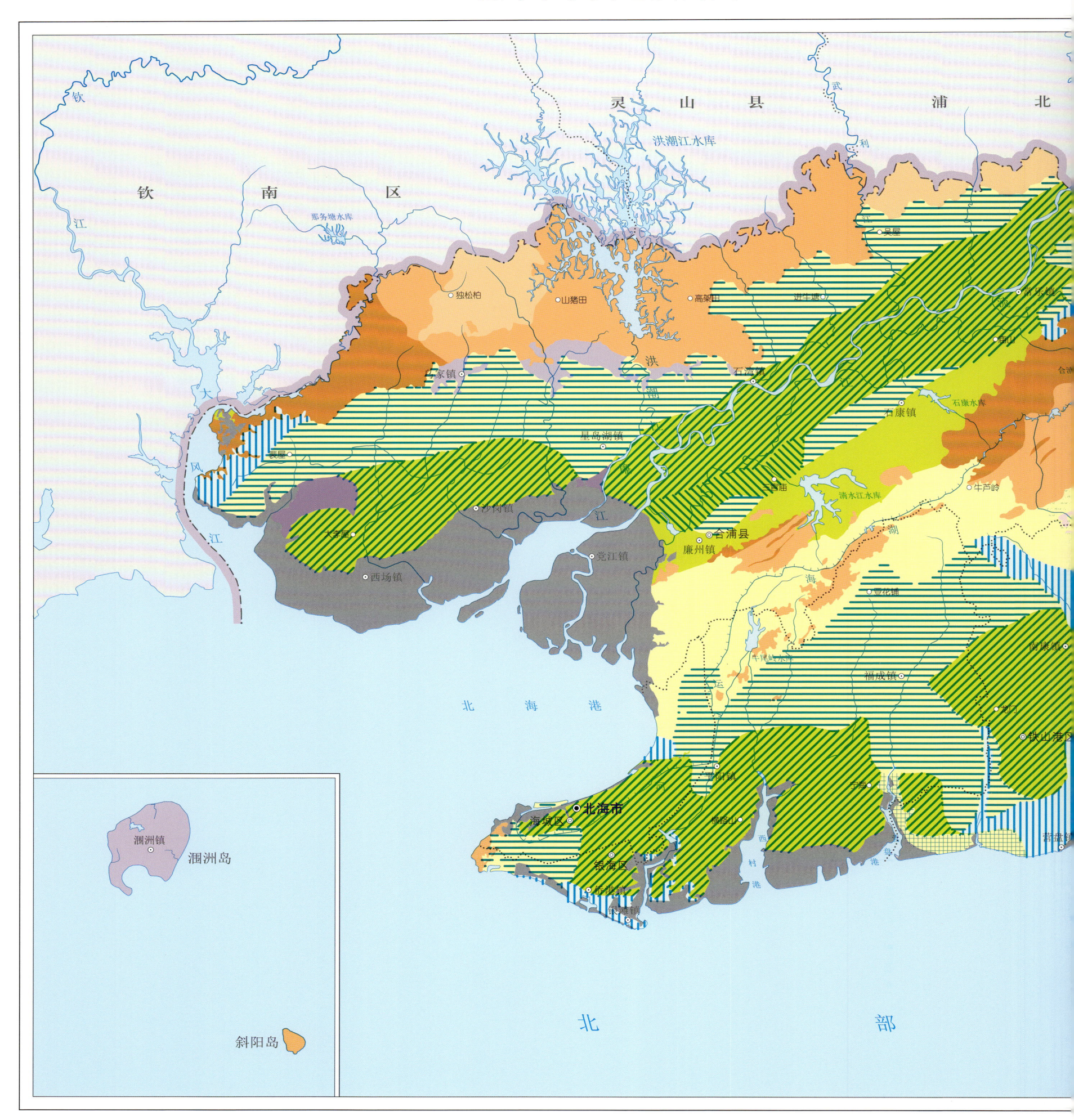

编制单位：中国地质调查局武汉地质调查中心、广西壮族自治区海洋地质调查院

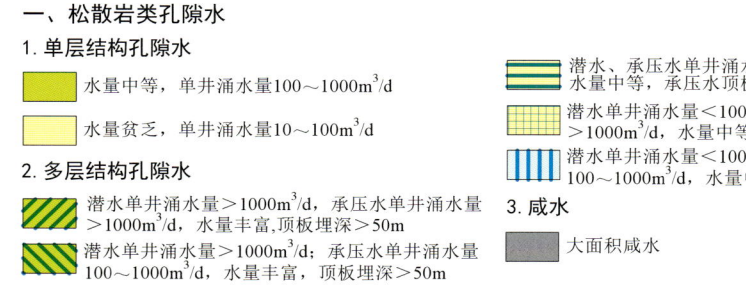

### 一、松散岩类孔隙水

**1. 单层结构孔隙水**
- 水量中等，单井涌水量100～1000m³/d
- 水量贫乏，单井涌水量10～100m³/d

**2. 多层结构孔隙水**
- 潜水单井涌水量>1000m³/d；承压水单井涌水量>1000m³/d，水量丰富，顶板埋深>50m
- 潜水单井涌水量>1000m³/d；承压水单井涌水量100～1000m³/d，水量中等，顶板埋深>50m
- 潜水、承压水单井涌水量100～1000m³/d，水量中等，承压水顶板埋深>50m
- 潜水单井涌水量<100m³/d；承压水单井涌水量>1000m³/d，水量中等，顶板埋深<20m
- 潜水单井涌水量<100m³/d；承压水单井涌水量100～1000m³/d，水量中等，顶板埋深>50m

**3. 咸水**
- 大面积咸水

### 二、基岩裂隙水

**1. 碎屑岩构造裂隙水**
- 水量丰富，地下水径流模数>6L/(s·km²)，泉流量为1～40L/s
- 水量中等，地下水径流模数3～6L/(s·km²)，泉流量为0.1～1L/s
- 水量贫乏，地下水径流模数<3L/(s·km²)，泉流量为<0.1L/s

**2. 裸露型碳酸盐岩类岩溶水**
- 水量中等，地下水径流模数为10～50L/s，地下深

**3. 裂隙孔隙水**
- 水量贫乏，单井涌水量<100，地下径流模数<3m³/(s·km²)
- 裂隙孔隙水水量贫乏，单井涌水量丰富，地下

**4** 基础地质支撑条件图

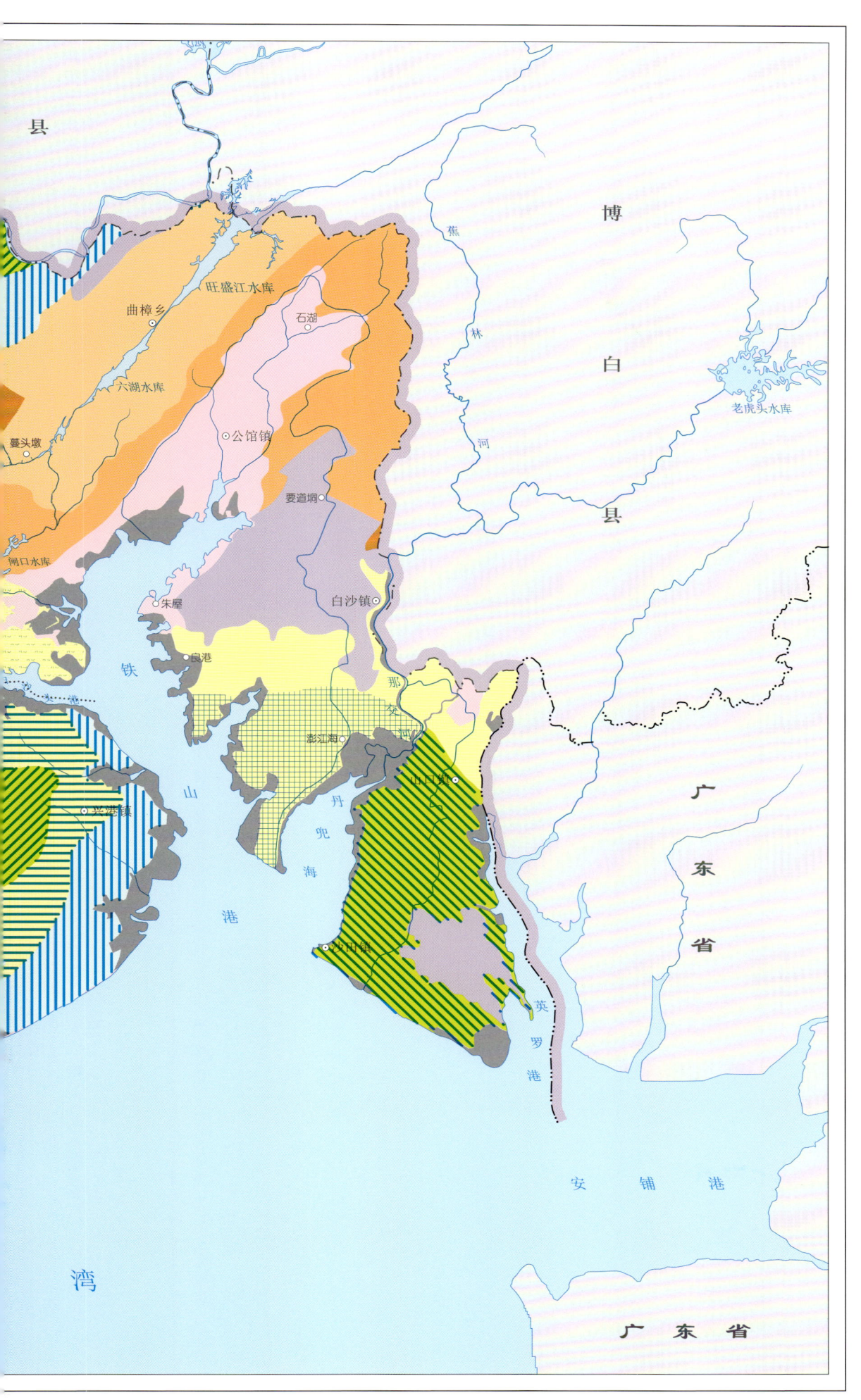

#### 4.4.1 资料来源

资料来源于"广西北部湾生态环境地质调查"项目调查资料,以及《广西壮族自治区北部湾经济区环境地质调查报告》和《北部湾经济区区域水文地质图(1:25万)》。

#### 4.4.2 图件说明

北海市地下水类型主要为松散岩类孔隙水和基岩裂隙水。其中,松散岩类孔隙水包括单层结构孔隙水和多层结构孔隙水,基岩裂隙水包括碎屑岩构造裂隙水、裸露型碳酸盐岩类岩溶水和裂隙孔隙水。另外,在沿海地区分布大面积咸水。

单层结构孔隙水分布面积约为$360.8km^2$,主要分布在合浦县往十字路乡一带,在白沙镇的南部也有分布,水量贫乏到中等。

多层结构孔隙水面积约为$1618.8km^2$,在整个滨海冲积平原地区大量分布,上层的潜水水量为贫乏到丰富,下层的承压水水量为中等到丰富。

基岩裂隙水主要为碎屑岩构造裂隙水面积约为$1313.7km^2$,广泛分布于乌家镇到石湾镇一带的北部、十字路乡到曲樟乡一带、沙田镇的东南侧一带,水量贫乏到丰富。

裸露型碳酸盐岩类岩溶水面积约为$102.1km^2$,主要分布于公馆镇一带,水量中等。

裂隙孔隙水面积约为$148.4km^2$,主要分布于白沙镇东侧一带,水量贫乏。

1:300 000

## 4.5　北海市工程地质简图

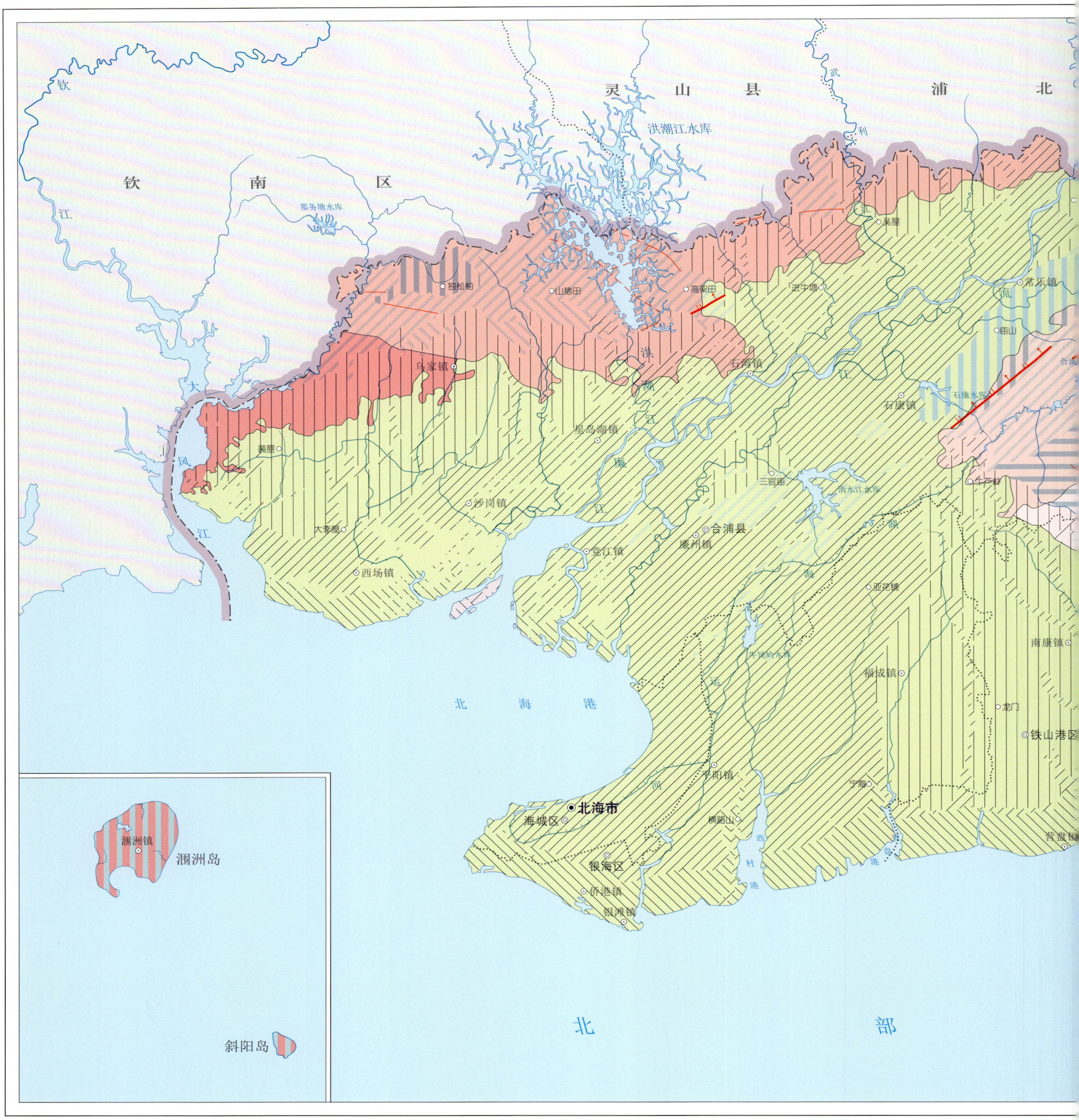

编制单位：中国地质调查局武汉地质调查中心、广西壮族自治区海洋地质调查院

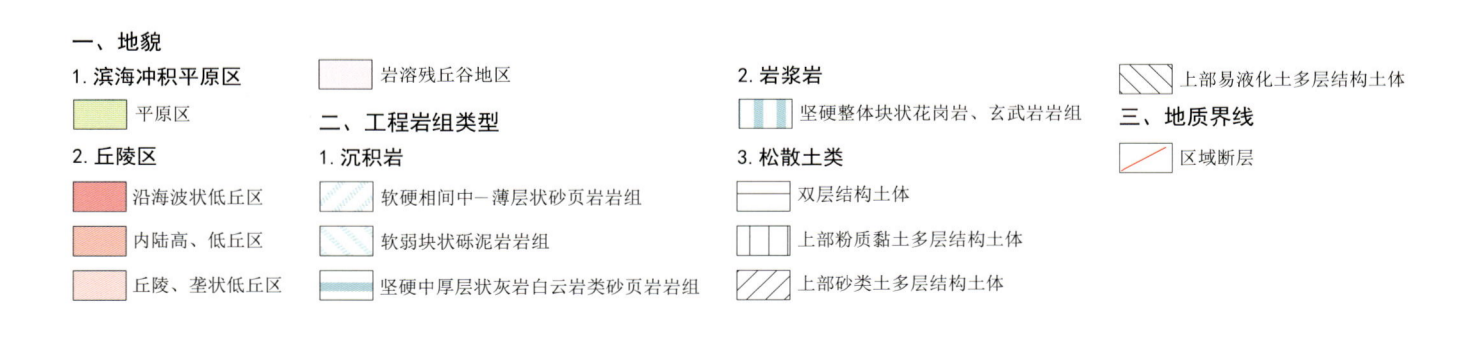

**一、地貌**
1. 滨海冲积平原区
   - 平原区
   - 岩溶残丘谷地区
2. 丘陵区
   - 沿海波状低丘区
   - 内陆高、低丘区
   - 丘陵、垄状低丘区

**二、工程岩组类型**
1. 沉积岩
   - 软硬相间中—薄层状砂层页岩岩组
   - 软弱块状砾泥岩岩组
   - 坚硬中厚层状灰岩白云岩类砂页岩岩组
2. 岩浆岩
   - 坚硬整体块状花岗岩、玄武岩岩组
3. 松散土类
   - 双层结构土体
   - 上部粉质黏土多层结构土体
   - 上部砂类土多层结构土体
   - 上部易液化土多层结构土体

**三、地质界线**
   - 区域断层

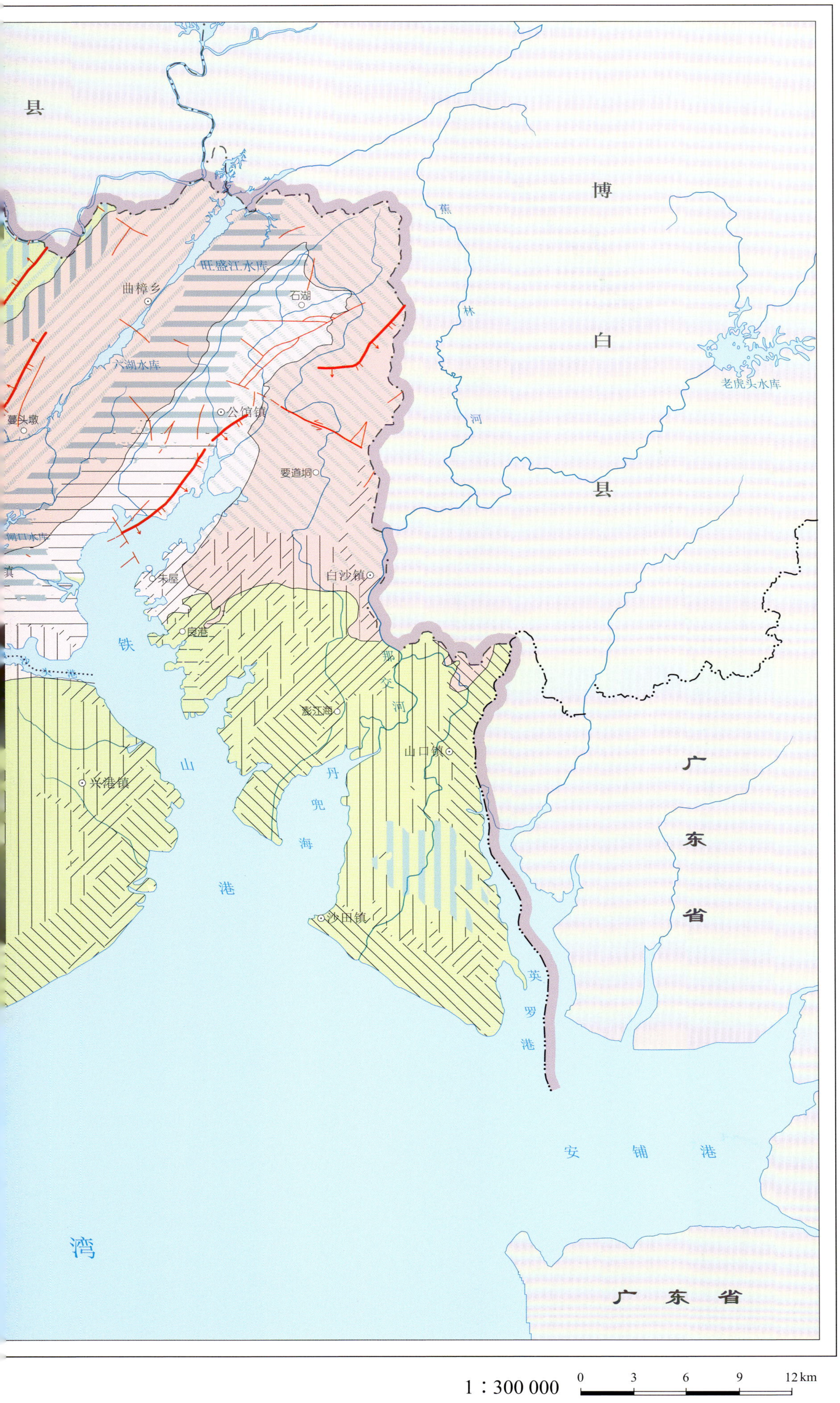

# 4 基础地质支撑条件图

### 4.5.1 资料来源

资料来源于"广西北部湾生态环境地质调查"项目调查资料，以及《广西壮族自治区北部湾经济区环境地质调查报告》和《广西北部湾地区工程地质图（1:25万）》。

### 4.5.2 图件说明

北海市地貌主要有滨海冲积平原区和丘陵（残丘）区，其中大部分区域均为滨海冲积平原区，在北部的乌家镇到石湾镇一带以及东北部的闸口镇、曲樟乡、公馆镇、白沙镇一带为丘陵（残丘）区。

丘陵区分布有沉积岩，岩性主要为砂岩、泥岩；在乌家镇北部、常乐镇的南部、山口镇与沙田镇之间的中部区域，分布有岩浆岩，岩性主要为花岗岩。

在滨海冲积平原区，主要分布为松散土类，其均为双层结构或多层结构的土体，其中在靠近海边的区域，多分布有上部易液化土多层结构土体。

1:300 000